AF410806

PETITES LECTURES

sur les

MERVEILLES

DE LA CRÉATION

Premier livre de lecture courante

DANS LES CLASSES DIRIGÉES

par

LES SŒURS DE LA CHARITÉ DU S.-C. DE JÉSUS

ANGERS

IMPRIMERIE DE LAINÉ FRÈRES, RUE SAINT-LAUD, 9.

1868.

PETITES LECTURES

sur les

MERVEILLES DE LA CRÉATION

Première Lecture.

LA LUMIÈRE.

Le bon Dieu est éternel, c'est-à-dire qu'il n'a jamais eu de commencement et qu'il n'aura jamais de fin.

Il n'en est pas de même de tout ce que nous voyons.

Il fut un temps, où il n'y avait ni ciel, ni terre, ni soleil, ni lune, ni montagnes, ni rivières,

ni mers, ni plantes, ni animaux.

Les hommes n'étaient pas non
plus.

Le bon Dieu tout seul existait.

Quand il lui a plu, il a tiré
toutes ces belles choses du
néant, c'est-à-dire qu'il les a
faites de rien par un seul acte
de sa volonté, parce qu'il est
tout-puissant.

Les hommes, qui ne sont pas
tout-puissants, ont besoin de
matériaux pour construire un
ouvrage, par exemple pour faire
une maison, il leur faut des
pierres, du mortier, du bois, etc.

Mais le bon Dieu n'a que faire de tout cela. Il dit, et les choses sont faites.

Il mit six jours à créer l'univers, qu'il aurait pu faire en un seul instant, s'il l'avait voulu.

Le premier jour, il dit : Que la lumière soit, et la lumière fut.

Le bon Dieu fit d'abord la lumière, afin d'éclairer son ouvrage.

Quand on veut bien faire, on cherche la lumière Les méchants, au contraire, se cachent dans les ténèbres pour faire le mal.

La lumière, voilà le premier

ouvrage et le premier bienfait de notre Créateur ; elle doit être le premier objet de notre reconnaissance, car c'est pour nous qu'il l'a faite.

En effet, sans la lumière, nous ne pourrions jouir des beautés de l'univers.

Les aveugles, c'est-à-dire, ceux qui ne voient pas, comprennent mieux que nous le bienfait de la lumière, parce qu'ils en sont privés.

Ils ne peuvent dire comme vous, chers enfants : Voilà un beau château, une belle robe, une jolie fleur.

Ils ne peuvent pas non plus

se réjouir, comme vous le faites en ouvrant vos yeux, le matin, pour regarder le ciel bleu, les arbres verts et les prés fleuris.

Eh bien! si le bon Dieu n'avait pas créé la lumière, nous serions tous comme des aveugles, puisque nos yeux ne nous serviraient de rien; pas plus qu'ils ne peuvent nous servir, lorsqu'il fait nuit, bien nuit, et que nous n'avons pas de chandelle.

Il ne faut pourtant pas croire que tous les aveugles soient malheureux.

La mère Nicole était une bonne vieille, aveugle depuis longtemps.

Néanmoins, elle chantait et paraissait toujours contente.

Quelqu'un lui demanda un jour :

— Comment pouvez-vous, mère Nicole, supporter si joyeusement la perte de vos yeux ?

— C'est que, si à cette privation qui m'est déjà si sensible, j'ajoutais encore la tristesse, au lieu d'un mal, j'en aurais deux.

Quand le chagrin veut s'emparer de moi, je me dis : Allons ! courage ! La peine ne durera pas toujours. Je la supporterai patiemment, afin que le bon Dieu me fasse jouir, un jour, de la lumière qui brille au Paradis.

Cette femme avait raison, chers enfants.

La seule chose qui doive nous affliger ici-bas, c'est le péché, car le péché seul est un mal.

Deuxième Lecture.

LES COULEURS.

C'est la lumière qui produit les couleurs : le rouge, le jaune, le vert, le bleu, le violet, etc.

Nous trouvons surprenant que la lumière, qui est blanche, produise des couleurs si brillantes et si variées ; cependant c'est la vérité.

1.

Si le plus savant des hommes avait été chargé de trouver les couleurs, il eût été bien embarrassé.

Le bon Dieu, créateur tout-puissant, ne fut pas un instant dans l'embarras, lui; il dit à la lumière de les produire, et cela fut fait.

Si la lumière n'avait pas la propriété de colorer ainsi la nature, tous les corps qui nous environnent seraient blancs : le ciel, la terre, les maisons, les arbres, tout serait blanc.

N'est-il pas vrai que nos yeux seraient éblouis par cette blancheur uniforme ?

Et puis, comment faire pour distinguer les objets à notre usage, s'ils étaient tous de la même couleur? Ce serait bien difficile.

Avez-vous vu, dans une journée d'hiver, la neige tomber à gros flocons, et couvrir la terre?

Eh bien! vous aviez alors sous les yeux, l'image de ce que serait l'univers, si le bon Dieu n'avait pas fait les couleurs.

Les couleurs sont donc un présent de notre Père céleste.

Oui, et nous le comprendrons encore mieux, si nous pensons qu'elles se prêtent à nos goûts.

Nous gardons les plus belles

pour nos fêtes; les plus communes nous servent pour les usages ordinaires, et lorsque nous sommes dans la tristesse, nous nous entourons de couleurs sombres qui semblent pleurer avec nous.

Qu'il est bon, qu'il est aimable, notre Père des cieux, d'avoir créé la lumière qui nous procure tant de jouissances !

Demandons-lui la grâce de n'en jamais user pour faire le mal.

Une charmante petite fille, nommée Marguerite, était assise à une fenêtre avec sa maman.

Tout-à-coup, elle aperçoit un arc-en-ciel; vous savez? Ce magnifique ruban qui se peint quelquefois dans les airs.

— Qui a mis ce beau ruban dans le ciel? dit Marguerite.

— C'est le bon Dieu, répondit la maman.

— Pourquoi faire? reprit Marguerite.

— Pour nous faire admirer les merveilles de sa toute-puissance paternelle. A ce signe, nous connaissons qu'il n'enverra jamais de déluge sur la terre, comme il fit autrefois lorsque les hommes, étant devenus méchants, périrent tous dans les eaux, à l'exception de Noé et sa famille.

Mais comment cette bande si brillante se forme-t-elle dans l'air ? demanda encore Marguerite.

— C'est la lumière qui se décompose ainsi, dit la maman.

Marguerite ne comprenait pas.

— Tu es encore trop petite, ma fille, pour comprendre la formation de l'arc-en-ciel ; je te l'apprendrai plus tard.

Marguerite ne répliqua plus.

Mais elle ajouta :

— Je voudrais bien avoir un ruban pareil à celui-là. Y en a-t-il chez la marchande ?

— Pas de si beaux, dit la maman, mais il en est qui lui ressemblent un peu.

— Si j'en avais un, je ferais une écharpe à ma poupée ; quel plaisir !

Heureuse de contenter sa petite fille, la maman lui met un franc dans la main.

Marguerite appelle sa bonne, et part acheter le ruban.

Mais à quelques pas de la porte, on rencontre un pauvre vieillard, qui paraissait bien malheureux.

Marguerite se dit aussitôt : Un franc soulagerait sa misère ; mais je n'aurais point de ruban.

Que faire? Elle hésite... Puis, rapide comme un trait, elle revient trouver sa mère et lui dit :

— Me laissez-vous libre de disposer de cette pièce, chère maman ?

— Oui, ma fille.

Une minute après, le franc de Marguerite était dans la main du pauvre. Puis cette chère enfant sautait joyeuse comme on l'est toujours après avoir fait une bonne action.

Troisième Lecture.

LE FIRMAMENT.

Le deuxième jour, Dieu fit le

firmament auquel il donna le nom de ciel.

Le firmament, c'est cette magnifique voûte bleue qui s'étend au-dessus de nos têtes, et que nous admirons, surtout quand elle est parsemée d'étoiles, ou que des nuages dorés, argentés, la parcourent en tous sens.

Mais si tout-à-coup le ciel devient noir, si les éclairs sillonnent la nue et que la foudre éclate avec fracas, l'aspect des cieux devient terrible.

Il y a des petites filles, qui, pour se garantir de l'orage, vont se cacher dans les coins ; cette frayeur est ridicule, car la foudre frappe aussi bien là qu'ailleurs.

Rien n'est à craindre pour le juste.

Le méchant, au contraire, a bien raison de trembler.

Heureux si le tonnerre lui fait assez grand peur pour le porter à se corriger.

L'étendue du firmament est si prodigieuse que les hommes les plus savants ne peuvent la mesurer.

Le soleil, qui nous paraît si petit, est plus d'un million de fois plus gros que la terre, et est éloigné de nous de trente-huit millions de lieues.

Les étoiles que l'on dirait n'étre que de petits clous brillants, sont néanmoins autant de soleils, plus gros encore, placés à des distances énormes les uns des autres, et si loin de nous, qu'il est impossible de calculer la longueur du chemin à faire pour arriver jusqu'à eux.

Le bon Dieu a semé les étoiles dans le firmament, avec autant de profusion que les grains de sable sur le rivage de la mer.

Mais il ne les a pas créées en même temps que le firmament.

Ce ne fut que le quatrième jour qu'il dit à ces brillantes créatures de se placer dans les cieux.

La terre est donc bien petite ! Ce n'est qu'un grain de poussière comparé au reste de l'univers.

Et vous, faibles enfants, qu'êtes-vous ?

Rien, absolument rien.

Cependant vous vous croyez quelque chose, et vous êtes assez hardis pour oser déplaire à ce grand Dieu qui a fait le monde, et qui pourrait, en un instant, le réduire en cendres.

Apprenez donc, mes enfants, à craindre le Seigneur, parce qu'il est grand, et à l'aimer parce qu'il est bon.

Oui, il est bon, car c'est pour

vous, petites créatures de quelques jours seulement, qu'il a créé le ciel avec ses merveilles.

Il fait encore plus, chers enfants; il veut lui-même se donner à vous.

Bientôt, si vous êtes sages, vous aurez le bonheur de faire votre première Communion.

Alors ce même Dieu, créateur du ciel et de la terre, descendra dans votre cœur. Y pensez-vous?

Denise était une petite demoiselle assez gentille. Mais elle avait deux vilains défauts. Elle était paresseuse et orgueilleuse. Elle se donnait la préférence sur ses compagnes, et croyait follement que tout le monde dût s'occuper d'elle.

Le temps où Denise aurait dû faire sa première Communion était déjà passé, et elle était encore orgueilleuse, et de plus fort ignorante.

Affligées de la voir dans de si mauvaises dispositions, toutes les personnes qui lui portaient intérêt priaient pour elle, et l'avertissaient de se corriger, et d'étudier son catéchisme.

Denise n'écoutait aucune observation. Sa fierté et sa dissipation allaient toujours croissant.

Un jour qu'elle accompagnait sa maman à l'église, elle alla s'agenouiller au pied de l'autel de la Ste Vierge. Là, elle fit réflexion sur le ridicule de sa conduite.

Denise avait compris que de nous-mêmes nous n'avons rien et ne pouvons rien.

S'il y a en nous quelques bonnes qualités, il ne faut pas nous les attribuer, puisque c'est le bon Dieu qui nous les donne.

Quand cette enfant quitta l'autel de Marie, elle était heureusement changée. Ce jour-là même, elle se mit à apprendre son catéchisme.

Le grand jour de la première Communion arriva.

Denise fit bien la retraite préparatoire, et approcha de la sainte Table avec une piété angélique.

Depuis, elle fut un modèle de modestie et de sagesse.

Quatrième Lecture.

L'AIR.

La terre est enveloppée d'une immense couche d'air que nous appelons atmosphère.

C'est là que se forment les nuages, la pluie, la neige, la

grêle, le vent, les éclairs et le tonnerre.

Les nuages sont de l'eau réduite en vapeur que le soleil enlève dans l'air.

Peu à peu les vapeurs s'épaississent et redeviennent eau, alors elles tombent goutte à goutte sur la terre, c'est ce que nous nommons la pluie.

Les brouillards et les rosées ont la même source.

S'il fait froid, les vapeurs se changent en petits flocons blancs, c'est la neige.

Quelquefois les gouttes d'eau, au lieu de tomber en pluie ou en neige, se transforment en glaçons et tombent avec fracas sur la terre, c'est la grêle.

La grêle est un instrument de la colère de Dieu qui détruit en un instant les récoltes. Pour nous en préserver, conduisons-nous si bien que le Seigneur n'ait pas besoin de nous envoyer un tel fléau pour leçon.

L'air, mis en agitation, s'appelle vent; agité violemment, il devient tempête.

Les effets de la foudre sont produits par une certaine matière, accumulée sur les nuages et que l'on nomme fluide électrique.

L'éclair est la vive lumière

qui précède le bruit du tonnerre. Le tonnerre est le résultat du violent ébranlement communiqué à l'air.

Vous le voyez, c'est par le moyen de l'air que nous viennent les pluies et les rosées bienfaisantes, ainsi que les vents légers qui nous rafraîchissent. Soyons donc reconnaissants de tant de bienfaits.

Les tempêtes elles-mêmes qui nous paraissent un mal, ont leur utilité ; elles chassent au loin les odeurs malfaisantes et nous préservent de beaucoup de maladies.

L'air nous rend bien d'autres

services, le plus important c'est d'entretenir notre vie. Si nous étions privés d'air, nous mourrions aussitôt.

Nous vivons dans l'air, mais nous ne le voyons pas, parce qu'il n'a pas de couleur.

C'est encore là une attention de notre Père céleste, car si l'air était rouge par exemple, tous les objets nous paraîtraient rouges, et ce serait bien incommode et bien effrayant.

L'air nous apporte les odeurs et conséquemment nous avertit de fuir celles qui sont nuisibles; c'est encore lui qui nous transmet le son.

Est-il l'heure de se rendre à l'église pour assister à la sainte Messe, on met la cloche en branle, et à l'instant tous les habitants de la paroisse sont avertis ; c'est l'air qui se charge de cette commission.

C'est également l'air qui nous fait jouir des charmes de la musique, qui nous permet de communiquer nos pensées par la parole.

Quand nous prononçons un mot, l'air est frappé par le mouvement de nos lèvres, et à l'instant il transmet ce bruit à tous ceux qui sont à portée de nous entendre.

Ainsi, mes enfants, l'air se fera le porteur de toutes vos paroles, n'en dites donc jamais que de bonnes, car ce serait un grand mal de faire servir l'air, ce fidèle messager du bon Dieu, à porter des paroles de colère, de médisance ou de mensonge.

Un certain garçon, nommé Pierre, avait malheureusement contracté l'habitude de mentir.

Sa réputation était déjà répandue dans le quartier, et il était généralement méprisé comme le sont tous les menteurs.

Pierre avait un camarade aussi méchant que lui. Vous

savez ? Qui se ressemble s'assemble.

Ce petit vaurien, qui s'appelait Jean, eut la méchanceté de voler des fruits et de dire que c'était Pierre qui les avait pris.

Voyez, chers enfants, ce que l'on peut faire quand on n'a pas la crainte de Dieu.

Jean ignorait, sans doute, que le bon Dieu connaît non-seulement nos actions, mais encore nos plus secrètes pensées.

Voilà donc Pierre accusé faussement d'avoir volé des fruits.

Le pauvre garçon eut beau protester de son innocence, ce

fut inutile. Le maître du jardin, qui le connaissait pour un menteur, ne voulut pas croire à ses paroles.

Il porta plainte à son papa qui le frappa rudement et l'enferma trois jours en prison, avec du pain sec et de l'eau pour toute nourriture.

Cinquième Lecture.

LA MER.

Le troisième jour le bon Dieu sépara les eaux d'avec la terre. Il dit :

Que les eaux qui sont sous

le ciel se rassemblent en un même lieu.

A cette parole de leur Créateur, elles prirent la fuite avec épouvante , et s'entassèrent précipitamment les unes sur les autres dans le lieu qui leur était destiné.

Les eaux durent faire bien du bruit en se heurtant dans leur course rapide.

Si les hommes avaient assisté à ce spectacle , ils auraient eu grand'peur ; mais il n'y avait point encore d'hommes dans le monde ; c'était pour préparer leur demeure que le bon Dieu chassait ainsi les eaux de dessus la terre.

Dieu donna le nom de mer à cet immense amas d'eau.

Vous ne vous faites, sans doute, pas une idée juste de la mer, mes enfants.

C'est un réservoir si grand qu'il occupe les trois quarts du globe terrestre.

Au premier coup d'œil, nous croyons qu'il nous serait plus avantageux d'avoir moins d'eau et plus de terre, mais ce n'est pas vrai.

Voici pourquoi : si la mer avait moitié moins d'étendue, par exemple, il tomberait moitié moins de pluie sur la terre; nous aurions aussi moitié moins de fleuves et de rivières, ces beaux cours d'eau qui portent la fraîcheur et la fertilité dans nos campagnes.

Vous savez que les pluies et les rosées viennent de la mer.

C'est le soleil qui réduit les eaux à l'état de vapeurs et les attire dans l'air, d'où elles retombent ensuite pour arroser nos champs et alimenter les sources des fleuves, des rivières, des petits ruisseaux et des fontaines.

Ainsi chaque année la mer envoie une partie de ses eaux à la terre pour la fertiliser, à condition que celle-ci lui rende celles qui lui sont inutiles : les fleuves sont chargés de ce soin ; ils reportent les eaux à l'océan.

Comme vous voyez, si la mer était plus petite, bien des pays seraient déserts, c'est-à-dire, secs et arides, et les hommes ne pourraient les habiter.

Admirez, chers enfants, la sagesse avec laquelle la divine Providence a mesuré l'étendue de la mer et de la terre pour notre utilité et notre agrément.

Admirez aussi avec quelle force et quelle bonté la main divine contient la mer dans son lit, car depuis six mille ans, elle n'a jamais franchi le grain de

sable que le bon Dieu lui a mar-
qué pour limites.

Chaque jour, pendant six heures, la mer pousse ses eaux du
milieu vers ses bords, chaque
jour aussi, pendant six heures,
elle les rappelle des bords vers le
centre, c'est ce qu'on nomme le
flux et le reflux.

C'est pour nous que la mer
existe, c'est aussi pour nous
qu'elle est sans cesse en agitation, car ce mouvement a pour
but d'empêcher les eaux de se
corrompre et de devenir pesti-
lentielles.

De plus le flux ou la marée
permet aux navires de remonter

les fleuves et d'apporter leur énorme charge de marchandises jusque dans les grandes villes.

La mer contient une grande quantité de sel, mais il coulerait au fond, si les eaux n'étaient sans cesse agitées par le flux et le reflux.

Ainsi ce mouvement miraculeux est une attention toute paternelle de notre Père céleste qui s'en sert pour empêcher que la mer ne soit un amas d'eau croupissante et infecte.

Vous connaissez l'utilité du sel? Souvenez-vous qu'il nous vient en grande partie de la mer, et remerciez le bon Dieu de ce nouveau bienfait.

L'eau de la mer a encore la propriété de renouveler nos forces. Aussi voyons-nous, dans la belle saison, une foule de personnes s'en aller aux bains de mer.

Calme et tranquille, la mer est belle.

Mais qu'elle est terrible pendant la tempête !

Alors elle soulève ses flots et fait retentir au loin sa voix mugissante.

Les marins tremblent à la vue du péril. Heureux, s'ils ont recours à Marie, l'étoile de la mer !

Il y a quelques années , un navire français, qui faisait voile pour la côte d'Afrique, fut surpris par une violente tempête.

Malgré les efforts redoublés du pilote et des matelots, le bâtiment allait se briser.

Lorsque le capitaine se jeta à genoux et récita à haute voix un Ave Maria.

Tout l'équipage imita son chef et répéta la douce prière.

Aussitôt les vents s'apaisèrent. Peu à peu la mer se calma, et ces fervents chrétiens furent sauvés.

O bonne et puissante Marie ! qu'il fait bon vous avoir pour

protectrice surtout au moment du danger !

Sixième Lecture.

LES PLANTES.

Aussitôt après avoir commandé aux eaux de se réunir toutes dans le vaste bassin qu'il leur destinait, le bon Dieu ajouta :

Et que l'aride, c'est-à-dire la terre, paraisse, et la terre parut.

Vous croyez peut-être, chers enfants, qu'au jour de sa création, la terre apparut couverte de ce beau manteau de verdure

que nous lui voyons aujour-
d'hui ? Détrompez-vous.

A la voix du Maître qui disait :
Que l'aride paraisse, la terre se
présenta.

Mais elle était toute nue.

Aussi le bon Dieu s'empressa
de lui donner un vêtement digne
de sa magnificence et de sa bonté.

Il dit : Que la terre produise
de l'herbe verte.

Aussitôt la terre prit sa robe
de verdure.

Chaque année cette parure se
renouvelle ; et elle est encore
aujourd'hui aussi fraîche, aussi
belle qu'au jour où la terre reçut

ce vêtement de la main du Créateur.

Le bon Dieu aurait pu habiller la terre d'une autre couleur, s'il l'avait voulu, en noir ou en blanc par exemple, mais il tenait à nous la rendre agréable ; c'est pourquoi, il lui a donné une teinte ni trop sombre ni trop éclatante.

En effet, si la terre était couverte de noir, elle nous causerait de la tristesse, et si elle était blanche, nos yeux ne pourraient en supporter l'éclat.

C'était donc le vert si doux, si agréable à l'œil, qui convenait pour orner la terre. Le bon Dieu le savait bien : aussi a-t-il choisi cette couleur de préférence.

Afin que ce magnifique tapis de verdure qu'il a étendu sous nos pieds, ne laissât rien à désirer, il l'a nuancé de mille manières, de sorte qu'il n'y a pas un brin d'herbe qui soit exactement de la même couleur.

Tant de bonté de la part de Dieu mérite bien que nous soyons reconnaissants.

Aimons - le, bénissons - le, chers enfants. Autrement, nous serions des ingrats, et l'ingratitude est un vice odieux.

En parant la terre de sa belle robe, le bon Dieu dit :

Que la terre se couvre d'herbe verte qui porte de la graine pour se reproduire.

Voilà quelque chose de plus merveilleux que tout ce que nous avons vu jusqu'à présent.

Chaque petite graine porte en soi le germe d'une autre plante semblable à celle qui l'a produite.

Ces graines tombent sur la terre, et le bon Dieu se charge, lui-même, de les conserver et de les faire pousser.

C'est ainsi que les prairies et tous les endroits de la terre que nous ne voulons pas cultiver se couvrent d'une agréable verdure, et cela sans que nous nous donnions aucune peine.

Au moins demandons-nous qui nous fait un tel présent. Car tout don exige reconnaissance.

Les plantes n'ont pas été créées seulement pour nos plaisirs ; elles nous sont encore d'une nécessité absolue.

Sans elles nous n'aurions ni pain, ni vin, ni fruits, ni légumes, ni animaux.

Pauline avait un joli petit parterre qu'elle cultivait avec grand soin.

Quoiqu'elle n'y eût semé que des fleurs, il s'y trouva néanmoins un grain de blé.

Pauline apercevant ce brin d'herbe voulut l'arracher.

Mais sa maman lui dit : Laisse cette petite plante, ma fille, tu verras ce que le bon Dieu fera pousser-là.

Pauline, qui ne savait qu'obéir, laissa le brin d'herbe au milieu de ses fleurs.

Bientôt au lieu d'une tige, il y en eut six; ce qui surprit beaucoup la petite fille.

Sa maman saisit cette occasion pour lui faire admirer le soin de la Providence, qui permet qu'un seul grain de blé, jeté en terre, produise plusieurs tiges, et un nombre égal de beaux épis.

Attends encore, mon enfant, dit-elle, et tu verras chacun de ces brins pousser un bel épi.

Verts d'abord, ces épis jauniront et te mettront à même de recueillir plusieurs centaines de grains de froment, ces précieuses graines qui nous fournissent le pain.

Pauline ne pouvait croire que le pain pût venir d'aussi vils brins d'herbe.

Mais sa mère l'assura qu'il en est ainsi, et ajouta qu'ordinairement le bon Dieu se sert des plus faibles instruments pour faire les plus grandes choses, afin de nous faire admirer sa sagesse et sa puissance, et nous forcer, pour ainsi dire, à nous confier en sa bonté.

Septième Lecture.

DIFFÉRENTES PARTIES DE LA PLANTE.

Dans toute plante, on distingue quatre parties : la racine, la tige, la feuille, la graine ou le fruit.

La terre contient des sucs pour la nourriture des plantes.

La racine, qui sert à fixer la plante en terre, est encore chargée de pomper les sucs et de les fournir à la tige.

Pour cet effet, la tige est percée par le milieu ; c'est par ce
petit canal que montent les sucs
qui doivent nourrir la plante.

Mais tous les sucs ne conviennent pas à chaque plante.

Comment faire pour démêler
ceux qu'il faut prendre et ceux
qu'il faut laisser ?

Ne craignez pas, la racine
saura faire ce choix. Jamais elle
n'admettra ce qui lui serait nui-
sible.

Quelquefois les sucs conve-
nables sont à une certaine di-
stance de la plante.

Dans ce cas, la racine s'a-
llonge, file à droite, à gauche,

sonde le terrain et ne prend que ce qui lui est utile.

S'il est nécessaire de franchir un petit fossé, la racine s'élance hardiment.

Lorsqu'une pierre se rencontre sur sa route, elle en fait le tour, sans s'effrayer du travail.

Voyez-vous, chers enfants, même les plus petites racines travaillent; et vous ne voudriez rien faire! Ce ne serait pas beau.

On pourrait dire aux paresseux : Demandez aux racines des plantes, s'il vous est permis de rester oisifs?

La tige est la partie de la

plante qui s'élève vers le ciel.

Elle est percée d'une infinité de petits canaux pour laisser libre passage à la sève.

La sève est le sang de la plante. C'est elle qui porte la vie dans toutes les parties du végétal. En grandissant, la tige se noue. Ces nœuds ont pour but de fortifier la tige, afin qu'elle ne tombe pas sur la terre où elle périrait.

Lorsque la tige est devenue grande, la racine ne peut plus la nourrir seule. Que va devenir la plante ? Mourra-t-elle ?

Non. Le bon Dieu envoie alors

de l'aide à la racine, c'est la feuille.

La feuille est la partie de la plante qui sert de parure à la tige.

Au printemps, la feuille naît sur la tige. Ce n'est d'abord qu'une petite peau d'un vert très-tendre. A mesure qu'elle se développe, elle prend une teinte plus foncée.

La feuille pompe l'air qui contient, lui aussi, des principes propres à la vie de la plante.

Aussi savante que la racine, la feuille choisit toujours les sucs qui lui sont salutaires, et laisse les autres.

Quelquefois il arrive que les sucs recueillis, par la racine et la feuille, sont trop abondants. Alors la plante les rejette par le même moyen dont elle s'était servie pour les pomper, c'est-à-dire, par les petits poils dont le côté inférieur de la feuille est recouvert.

Les plantes ne font point de provision, elles vivent au jour le jour et jamais la divine Providence ne leur a fait défaut.

Il ne nous est pas défendu, à nous autres hommes, de nous précautionner pour le lendemain; mais si nous tombons dans l'inquiétude et le chagrin, c'est un outrage à la bonté de Dieu qui ne manque jamais de donner à ses enfants le pain de chaque jour.

Vous connaissez déjà, chers enfants, trois parties de la plante : la racine, la tige et la feuille.

Il nous reste à voir la quatrième, c'est-à-dire, la graine ou le fruit; c'est la plus précieuse, car les trois autres n'existent et ne travaillent que pour elle.

Quand la tige est devenue grande, elle pousse un bouton. Ce bouton contient le germe d'une autre plante.

Bien des dangers environnent cette petite créature : le froid, la chaleur, le vent, la pluie ou les insectes pourraient la détruire ; mais le bon Dieu en prend soin.

Une mère emmaillotte son petit enfant de peur qu'il ne se blesse.

Le bon Dieu fait de même à l'égard du nourrisson de la plante ; il le recouvre de plusieurs enveloppes qui surpassent en finesse et en beauté la mousseline et la soie.

A mesure que cette intéressante petite créature prend de la force, la main divine écarte ces langes si moëlleux, si délicats ; alors apparaît, à nos yeux, une belle fleur.

La fleur est le berceau du petit nourrisson.

Les rois eux-mêmes pourraient-ils donner à leurs fils nouveau-nés des berceaux si brillants?

Non. Aussi le bon Jésus nous dit dans le saint Évangile : Jamais Salomon, dans toute sa gloire, n'a été vêtu comme le lis des champs.

Si votre Père céleste prend tant de soin d'un brin d'herbe qui croît aujourd'hui, et qui demain sera foulé aux pieds ou brûlé. Que ne fera-t-il pas pour vous, ses enfants bien-aimés ?

Quand la graine est mûre, la fleur se flétrit; la tige baisse la tête, et la graine tombe à terre où elle donne naissance à une nouvelle plante.

Si le bon Dieu veut que la graine se propage au loin, il lui donne des ailes, et le vent l'emporte dans le lieu qui lui est destiné. Vous avez vu des graines qui ont des ailes, celles du pissenlit, par exemple.

Quelles merveilles dans la création et la conservation des plantes !

Admirez la sagesse et la bonté

de Dieu, chers enfants, et lorsque vous cueillez une fleur, remerciez-le, car c'est pour vous qu'il l'a faite.

Huitième Lecture.

LES ARBRES FRUITIERS.

Quand le bon Dieu eut commandé à la terre de se couvrir d'herbe verte, il ajouta :

Que l'aride produise des arbres fruitiers qui portent des fruits chacun selon son espèce pour se reproduire sur la terre ! Et cela se fit ainsi.

Tous les arbres portent du

fruit, mais tous les fruits ne conviennent pas à l'homme, beaucoup ont été faits pour la nourriture des oiseaux et des animaux de la terre.

En disant : Des arbres fruitiers, le bon Dieu avait en vue des arbres qui portent des fruits destinés à nous nourrir.

A cette parole du Créateur : Que l'aride produise des arbres fruitiers, on vit paraître une foule de beaux arbres chargés de fruits, des pruniers, des pommiers, des pêchers et bien d'autres, car les arbres fruitiers ne sont pas les mêmes dans tous les pays.

Le bon Dieu leur a donné des qualités et des goûts différents selon les besoins des hommes à qui il les destine.

Dans les pays chauds, ils ont une saveur piquante comme les citrons.

Dans les pays où la chaleur est plus modérée, les fruits sont généralement plus doux.

En nous donnant les fruits, le bon Dieu aurait pu les envoyer tous en même temps.

S'il en était ainsi, nous en aurions trop à la fois, il s'en perdrait beaucoup, et bientôt, il ne nous en resterait plus.

Notre Père des cieux, attentif

à nos besoins et à nos plaisirs, n'a pas voulu qu'il en fût ainsi.

Il fait que les fruits se succèdent les uns aux autres.

Les fraises, les groseilles, les cerises sont les premiers qui nous sont offerts chaque année.

A ceux-là succèdent les prunes, les pêches, les abricots, les figues, puis viennent les poires, les pommes, les raisins et bien d'autres espèces, toutes d'un goût délicieux.

Plusieurs de ces fruits peuvent se conserver, de sorte que nous pouvons en avoir toute l'année.

Que de richesses le bon Dieu

met à notre disposition! Ah! nous serions bien méchants si en recueillant les fruits, nous offensions le tendre Père qui nous les donne!

N'est-il pas vrai que nous mériterions d'en être privés une autre fois?

Il y a quelques fruits qui sont renfermés dans des coques, comme la noix.

Pour manger ces fruits, il faut briser leurs enveloppes; c'est un travail quelquefois assez difficile.

Mais il faut nous rappeler que nous sommes nés pour le travail, et que sans peine nous ne pouvons rien nous procurer.

C'est par une attention toute particulière que Dieu n'a pas dit aux arbres fruitiers de s'élever à une prodigieuse hauteur.

Si les poiriers et les pommiers étaient aussi haut que les grands chênes des forêts, quelle peine n'aurions-nous pas à y atteindre! Puis leurs fruits s'écraseraient en tombant.

Au lieu d'élever leurs rameaux vers le ciel, les arbres fruitiers les inclinent vers la terre, comme pour nous dire : Venez et prenez les biens dont nous sommes chargés; mais n'oubliez pas de bénir Celui qui nous a dit de vous apporter ces dons.

Vous aimez les fruits, chers enfants?

Qui de vous n'a pas mangé avec plaisir une poire, une pêche ou un raisin?

Oui, mais avez-vous pensé à remercier Celui qui vous le donne?

Désormais vous ne l'oublierez plus.

Les arbres dont nous ne mangeons pas les fruits, ne sont néanmoins pas inutiles.

Ils ornent la terre et purifient l'air. De plus, leurs fruits fournissent la pâture à beaucoup d'animaux.

Puis nous n'avons pas seulement besoin de nourriture pour vivre commodément. Il nous faut encore des maisons pour nous loger, et du feu pour cuire nos aliments et nous chauffer en hiver.

Les arbres nous donnent leur bois pour construire nos demeures et alimenter le feu dans nos cheminées.

Quand il fait grand froid, on est heureux de se presser autour d'un feu pétillant. Oui. Mais il ne faut pas oublier les pauvres, qui manquent souvent de bois pour se chauffer.

Une petite fille , nommée

Louise, ayant accompagné sa mère au sermon, entendit ces paroles sortir de la bouche du prédicateur :

Soulagez les pauvres, mes frères, procurez-leur, autant que vous le pourrez, du pain, des vêtements et du feu. (On était en hiver.)

De retour à la maison, Louise ne voulait plus se chauffer.

Sa maman surprise lui demanda pourquoi ?

Louise rougit et ne dit mot.

Sa mère, l'ayant pressée de nouveau, l'aimable enfant répondit : Tiens, maman, je ne puis me chauffer, tandis que la mère Michaud grelotte de froid dans la mansarde.

— Je vais lui faire porter du bois, ma fille.

A l'instant, elle appelle un domestique, qui se charge de bûches et de fagots et monte à la demeure de la pauvre femme.

Louise le suit.

— Voilà du bois, mère Michaud, dit-elle de sa douce voix. Chauffez-vous bien. Quand il sera dépensé, Dominique vous en apportera d'autre.

Puis pour se dérober aux remerciements de la bonne vieille, Louise disparut.

Neuvième Lecture.

LES MÉTAUX.

Non-seulement la terre se couvre de richesses à sa surface, mais elle en renferme encore dans son sein.

L'or, l'argent, le cuivre, le fer sont cachés dans les entrailles de la terre.

C'est là que l'homme va chercher ces substances précieuses que l'on appelle les métaux.

Les endroits de la terre où se forment les métaux se nomment mines.

Au sortir de la mine, le métal

s'appelle minerai. Il est alors mélangé à d'autres substances.

Il faut le travailler longtemps, avant qu'il soit ce que nous le voyons dans le commerce.

L'or est le plus brillant des métaux, mais il n'est pas le plus utile. Nous pourrions nous en passer sans trop de peine.

En effet, combien de personnes qui n'emploient jamais l'or dans leur parure ou dans leurs meubles, et n'en sont pas moins heureuses pour cela?

Si les pauvres en sont privés, ou s'ils ne peuvent en avoir qu'en très-petite quantité, ils ne doivent point s'en fâcher.

Au contraire, ils ont raison de s'en réjouir, car ils n'auront pas à répondre de l'usage qu'ils en auraient fait.

Vous savez, chers enfants, que nous ne pouvons pas user des richesses selon nos caprices ; c'est un trésor que le ciel nous confie, et dont nous rendrons un compte rigoureux à l'heure de la mort.

Ne disons donc jamais : Telle personne est heureuse, parce qu'elle est riche.

C'est une erreur ; ni l'or ni l'argent ne nous rendent heureux.

Le bonheur consiste à aimer

et à servir le bon Dieu dans la condition où il nous a placés.

Néanmoins si Dieu a mis l'or et l'argent à notre disposition, nous pouvons en user avec modération ; mais gardons-nous d'en tirer vanité.

Faisons l'aumône aux pauvres : notre superflu leur appartient ; mais ils n'ont pas le droit de le prendre, c'est à nous à le leur donner.

Le cuivre a à peu près la couleur de l'or et est aussi fort brillant ; mais il se ternit facilement.

Exposé à l'air, il se recouvre d'une substance que l'on appelle vert-de-gris ; c'est un poison qui donne la mort.

Il faut donc s'en défier ; nettoyer avec grand soin les ustensiles de cuisine où ce métal est employé, et ne jamais porter de cuivre à sa bouche.

Le cuivre est pour nous d'une grande utilité.

Il est moins cher que l'or, et a néanmoins beaucoup d'éclat ; c'est pourquoi nous l'employons à une foule d'usages.

Le fer est le moins brillant des métaux ; mais il est le plus utile.

Si nous en étions privés, nous ne pourrions ni ensemencer nos champs , ni construire nos maisons, ni travailler à quoi que ce soit.

En effet, voulez-vous coudre ou tricotter , le fer vous est nécessaire : vos aiguilles, vos ciseaux, vos dés sont en fer.

Vous le voyez, si le fer nous manquait, nous n'aurions ni pain, ni maisons, ni vêtements, en un mot nous serions malheureux.

Le bon Dieu savait bien de quelle nécessité serait pour nous le fer, aussi l'a-t-il créé en bien plus grande abondance que les autres métaux.

La terre renferme encore

d'autres richesses dans son sein, les pierres précieuses, les marbres, toutes les pierres à bâtir, la houille ou charbon de terre, du sel et plusieurs autres substances que les hommes arrachent des entrailles de la terre, et font servir à leurs besoins ou à leurs plaisirs.

Remercions avec amour notre Père céleste de nous avoir donné tant de richesses.

Souvenons-nous que quelque précieux que soient l'or et l'argent, ce ne sont après tout que de vils métaux tirés de la terre qui ne méritent pas que nous y attachions notre cœur.

Un petit garçon de dix ans, nommé Victor, disait à son papa : Quand je serai grand, je me ferai mineur.

— C'est un rude métier, dit le père.

— Cela peut être, mais en revanche, les mineurs sont riches.

— Qui t'a dit cela ?

— Tiens! personne. Mais puisqu'ils tirent l'or de la terre, ils doivent en avoir à souhait.

— Tu te trompes, mon garçon, les mineurs sont souvent fort pauvres.

Ces malheureux passent leur vie sous terre, et je ne connais pas besogne plus pénible que la leur.

— Je ne parle pas de ces ouvriers-là, moi, dit Victor. J'entends un mineur comme M. Henri, notre voisin, qui s'en est allé bien loin en Amérique, dans un pays rempli d'or, et en est revenu avec une belle fortune.

— C'est vrai, mon fils, pour cet homme-là ; mais combien y sont allés, comme lui, pour chercher de l'or, et n'ont trouvé que la misère !

— On n'est donc pas sûr de réussir ? demanda Victor.

— Non certes, répondit le

papa. La plupart de ceux qui entreprennent ces voyages y périssent ou en reviennent plus pauvres qu'auparavant.

— Ah! ce n'est pas la peine d'aller si loin pour rien, dit l'enfant!

— Tu as raison, mon fils, reprit le père. Il est plus sûr de rester dans sa patrie où le travail ne manque jamais quand on est honnête et laborieux. Rappelle-toi, Victor, que l'or sans la vertu, n'est rien.

Dixième Lecture.

LE SOLEIL, LE JOUR, LA NUIT.

Le quatrième jour Dieu dit :
Qu'il se fasse deux grands luminaires : l'un plus grand pour présider au jour, et l'autre moindre pour présider à la nuit.

Que ces grands corps lumineux se placent dans le firmament pour régler les jours, les nuits, les semaines, les mois, les années et les saisons ! Et cela se fit ainsi.

Dieu fit aussi les étoiles qu'il plaça dans le firmament pour luire sur la terre.

Le soleil est une des plus belles créatures sorties de la main de Dieu.

Chaque jour, il se lève et il se couche aux points que son Créateur lui a marqués.

Ce bel astre répand la chaleur et la vie dans le monde.

Plusieurs heures avant son lever, il nous envoie déjà une partie de sa lumière.

Plus le moment approche où il doit paraître, plus le ciel s'embellit à l'orient des couleurs les plus douces : c'est ce que nous appelons l'aurore.

Enfin le soleil se montre.

Alors la nature entière se réveille : le petit ruisseau coule une eau plus claire ; la verdure des prairies est plus tendre ; les fleurs sont plus belles ; elles exhalent un parfum plus doux ; le chant des oiseaux est plus harmonieux ; tous les animaux poussent un cri de joie pour saluer le roi du jour.

L'homme, charmé d'un tel spectacle, serait bien ingrat, s'il oubliait d'élever son cœur vers Dieu, l'auteur de tant de merveilles.

Le soleil a reçu sa tâche pour chaque jour, et il s'empresse de l'accomplir.

Il s'élance dans le ciel, répandant des bienfaits sur les méchants comme sur les bons.

Sa lumière vivifiante atteint jusqu'aux extrémités de la terre, image frappante de Celui qui l'a envoyé.

Lui aussi ne se lasse pas de donner ; mais ceux qui reçoivent oublient souvent de le remercier.

Enfin le soleil baisse sur l'horizon.

Bientôt il va nous quitter pour éclairer d'autres pays.

Alors les nuages s'amoncellent à l'occident, et s'embellissent des couleurs les plus riches et les plus variées.

On dirait qu'ils ont ordre d'accompagner le roi du jour jusqu'à son coucher, et de lui donner une magnifique fête avant son départ.

Le bon Dieu a dit au soleil de régler les jours et les nuits, et il n'y a jamais manqué.

Nous appelons jour, le temps où nous pouvons jouir de sa lumière, et nuit, le temps où nous en sommes privés.

La nuit ne nous est pas moins utile que le jour, puisqu'elle a pour but de réparer nos forces épuisées par le travail.

Notre cœur pourrait-il ne pas s'attendrir en voyant avec

quelle sollicitude le bon Dieu s'occupe de nous ?

C'est un tendre Père qui veille avec amour à la conservation de notre santé.

Quand nous sommes lassés des travaux du jour, il nous invite à nous reposer.

Afin que rien ne trouble notre repos, il dit au soleil de se coucher, aux animaux de se taire, et à toute la nature de faire silence.

A sa voix, la nuit vient doucement, comme si elle craignait de nous surprendre ou de nous effrayer. Peu à peu, elle enveloppe toute la terre dans ses ombres.

Après avoir remercié le bon Dieu des bienfaits de la journée, et l'avoir prié de veiller sur nous pendant la nuit, nous nous mettons au-lit.

Bientôt le sommeil vient; il ferme doucement nos paupières

Nos membres fatigués se délassent, notre sang se rafraîchit, et nous puisons dans le sommeil de nouvelles forces pour retourner au travail.

Le sommeil est dans l'ordre de la Providence ; nous devons en user, mais non en abuser.

Lors donc que le jour est venu, et qu'on vous avertit de

vous lever, chers enfants, obéissez promptement, offrez votre cœur au bon Dieu, habillez-vous modestement, et faites votre prière avec respect et attention. C'est un devoir auquel il ne faut jamais manquer.

La nuit nous offre bien d'autres avantages.

Un des principaux c'est de rafraîchir la terre qui serait brûlée par le soleil, s'il était toujours sur notre horizon.

Elle nous donne la bienfaisante rosée dont les gouttelettes, suspendues le matin à chaque brin d'herbe, brillent comme autant de perles précieuses.

Ainsi la nuit, qui n'est rien, devient entre les mains du bon Dieu une source de bienfaits.

A nous d'être reconnaissants.

Onzième Lecture.

LES SAISONS.

Le soleil n'envoie pas toujours le même degré de lumière et de chaleur à un même pays : de là les saisons.

L'année qui comprend trois cent soixante-cinq jours, se divise en quatre saisons : le printemps, l'été, l'automne, et l'hiver.

Le bon Dieu a dit au soleil de régler les saisons pour le bien de l'homme.

En effet, à peine avons-nous vu les premiers beaux jours de printemps, que nous sentons nos cœurs s'ouvrir à la joie et à l'espérance.

La nature sort de l'engourdissement où l'hiver l'avait plongée.

Les petits oiseaux arrivent de leurs longs voyages.

Cette troupe d'habiles musiciens se disperse pour aller chanter à la porte des palais comme à celle des chaumières.

Les prairies se couvrent d'un

vert gazon d'où sortent les premières fleurs.

Les arbres se parent d'un naissant feuillage qui se hâte de grandir, afin de nous procurer un frais ombrage contre les rayons du soleil ; car le printemps ne doit pas toujours durer. S'il en était ainsi qui mûrirait les moissons ?

Voilà une image sensible de la jeunesse qui passe comme les fleurs.

Heureux, chers enfants, si vous savez profiter de ces beaux jours pour vous donner au bon Dieu !

L'été succède au printemps.

C'est la saison la plus chaude de l'année.

Quand le soleil lance ses rayons d'aplomb sur la terre, il l'embrase de ses feux.

Alors de toutes parts de beaux fruits se colorent et excitent notre goût.

Les faucheurs entrent dans les prairies, et tranchent à droite et à gauche l'herbe embaumée.

Les moissons jaunissent, et bientôt les épis dorés tombent sous la faucille.

Le laboureur joyeux amoncelle les gerbes autour de sa maison.

Il serait bien ingrat, s'il oubliait de remercier Celui qui les lui donne avec tant de profusion.

Après nous avoir comblés de bienfaits, l'été s'enfuit en nous donnant une salutaire leçon.

Si vous voulez recueillir une ample moisson de mérites pour l'éternité, semble-t-il nous dire, cultivez avec grand soin les vertus dans vos cœurs

L'été fait place à l'automne.

Alors le soleil nous retire peu à peu sa chaleur, les jours diminuent; mais ils sont encore assez longs et assez beaux pour que l'homme puisse entasser les récoltes de l'été dans ses greniers, et confier à la terre de nouvelles semences.

C'est dans cette saison qu'ont lieu les vendanges et la récolte des fruits tardifs qu'on peut conserver pendant l'hiver.

Lorsque tous les fruits ont été recueillis, les arbres perdent leurs feuilles.

Les oiseaux nous quittent pour aller passer l'hiver dans des pays plus chauds.

Le ciel peu à peu s'assombrit. En un mot, la nature tombe en décadence.

C'est ainsi qu'ici-bas, tout passe, tout meurt.

Nous-mêmes nous mourrons ; mais si nous avons fait le bien pendant la vie, nous ressusciterons pour ne plus mourir.

L'hiver vient après l'automne.

Cette saison n'est pas moins nécessaire que les autres.

De même qu'après avoir travaillé pendant le jour, l'homme a besoin de la nuit pour se reposer ; de même la terre, après avoir produit pendant le reste de l'année, a besoin de l'hiver pour réparer ses forces.

Néanmoins cette saison jette un voile de tristesse sur toute la nature.

Le soleil ne nous donne presque plus de lumière.

Un vent glacé siffle avec force et pénètre jusque dans les maisons.

La neige tombe. Bientôt la terre est enveloppée d'un manteau éclatant de blancheur.

Adieu, riante verdure, tendres fleurs, charmants oiseaux, agréables promenades! Il faut rester au coin du feu!

Cependant ne soyons pas inactifs. Visitons les pauvres, et soulageons-les selon notre pouvoir.

Ernestine appartenait à une famille fort riche; aussi sa

bourse était-elle toujours bien garnie.

Vous croyez , sans doute , qu'elle dépensait tout son argent en joujoux et en gâteaux. Il n'en était rien cependant.

Cette chère petite qui n'avait pas encore douze ans , avait déjà l'habitude de visiter les pauvres.

Accompagnée de sa bonne , elle se rendait dans les chaumières, chargée de provisions et de vêtements qu'elle confectionnait elle-même.

Les amies de sa maman la félicitaient d'avoir une petite fille si bonne et si sage.

Mais c'étaient surtout les malheureux qui bénissaient la petite Ernestine.

Quand elle paraissait dans les rues, ils s'écriaient : Voilà l'Ange du bon Dieu qui passe !

Douzième Lecture.

LA LUNE ET LES ÉTOILES.

La lune est chargée de présider à la nuit.

Voyez comme elle s'acquitte bien de cette commission : elle se lève quand le soleil se couche.

Si elle retarde quelquefois le moment de son lever, c'est

qu'elle a reçu l'ordre d'en user ainsi pour notre intérêt.

La lune règle les mois et les semaines. Voici comment.

Elle tourne autour de la terre dans l'espace d'à peu près trente jours ou un mois.

Elle fait ce même tour douze fois pendant un an. Voilà pourquoi il y a douze mois dans l'année.

On a donné des noms aux mois. Les voici :

Janvier, Février, Mars, Avril, Mai, Juin, Juillet, Août, Septembre, Octobre, Novembre, Décembre.

Comme tous les autres corps

célestes , la lune a la forme d'une boule. En conséquence, nous ne pouvons voir, à la fois, que la moitié de sa surface.

Le temps où la moitié du globe lunaire est visible, s'appelle la pleine lune.

Le temps où nous n'en apercevons que le quart, se nomme premier ou dernier quartier.

On dit que la lune est nouvelle quand elle commence à se montrer à nos yeux.

On donne le nom de phases, aux différentes figures sous lesquelles nous voyons la lune.

D'une phase à l'autre, il y a sept jours, c'est une semaine.

Les jours de la semaine ont des noms. Les voici :

Dimanche , lundi , mardi , mercredi, jeudi, vendredi et samedi.

La lune est la reine de la nuit. Les milliers d'étoiles qui l'accompagnent sont ses sujets.

Voyez comme cette aimable souveraine est douce et bienfaisante !

Elle tempère l'obscurité de la nuit , et permet aux hommes d'achever les voyages ou les travaux qu'ils n'auraient pu terminer pendant le jour.

Chaque nuit, la lune parcourt son domaine en répandant des

bienfaits; mais elle n'oublie pas qu'elle doit céder l'empire au soleil, le roi du jour.

Dès qu'il se présente, elle se retire modestement sans jamais contester : nous apprenant à obéir ainsi promptement et franchement à nos supérieurs.

Qui de vous, chers enfants, ne veut pas profiter d'une telle leçon?

Paul était un gentil garçon, de six ou sept ans qui n'avait pas appris à obéir, parce que ses parents trop faibles ne savaient point le corriger.

Par une belle soirée d'été, il se promenait avec son professeur (son maître d'école) sur le bord d'un ruisseau.

Tout-à-coup, il aperçoit la lune au fond de l'eau.

Il s'approche et veut s'en emparer.

Son maître l'avertit que ce qu'il veut saisir n'est rien en réalité. C'est tout simplement l'image de la lune qui se mire dans l'eau.

Paul ne souffre pas d'observations.

Ce beau bijou lui plaît, il le veut.

Le maître, souriant de pitié, s'efforce de lui faire comprendre qu'il manque de sagesse.

— La lune est au ciel, dit-il, je ne puis la prendre. Et quand je l'aurais, qu'en ferais-je ? Et vous, mon fils, qu'en feriez-vous ?

— J'en ferai ce que je voudrai, dit l'enfant. Il faut me la donner tout de suite.

— Vous parlez comme un insensé, répond le maître.

La lune est une masse si pesante que tous les hommes ensemble ne pourraient la soulever. Et vous prétendez la manier à volonté comme le ballon que vous faites voler dans l'air ? Quelle folie !

Paul qui ne comprenait pas

qu'on pût le contrarier, était
furieux. Il se tordait les mains
et se roulait dans la poussière.
Le maître vit bien que ce n'était
pas le temps de l'instruire; il
le laissa.

Ce beau monsieur était aussi
orgueilleux qu'ignorant.

Ne l'imitez pas, chers enfants; fuyez l'orgueil et la colère
qui rendent une personne
détestable à Dieu et aux hommes.

Puis, lorsque vous voyez
la lune briller dans un ciel
pur, ou jouer avec les nuages,
louez la puissance et la bonté
de Dieu, qui a allumé ce flam-

beau pour notre utilité et notre agrément.

Le bon Dieu fit aussi les étoiles qu'il plaça dans le firmament, pour luire sur la terre.

Ces paroles nous montrent qu'il est aussi facile au souverain Maître de créer des milliers de mondes qu'un grain de poussière; car les étoiles sont des corps plusieurs millions de fois plus gros que la terre.

Le nombre des étoiles est incalculable.

Qui pourra donc mesurer l'étendue des cieux?

De même que vous lancez vos

ballotes en l'air, de même le bon Dieu a lancé, dans l'espace, le soleil, la terre, la lune et les étoiles.

Ils y restent suspendus sans être appuyés sur rien.

Comment se fait-il que dans leurs courses rapides, ils ne se heurtent jamais les uns contre les autres ?

C'est que la main de Dieu leur a tracé une route, et qu'eux, obéissants, ne s'en écartent jamais.

Le ciel et la terre obéissent ponctuellement. Et une petite fille n'obéirait pas ? Quel orgueil !

Treizième Lecture.

LES POISSONS.

Le cinquième jour, Dieu passa des créatures inanimées à celles qui sont vivantes. Il dit :

Que les eaux produisent des êtres vivants, des poissons qui nagent dans l'eau, et desoiseaux qui volent dans l'air.

Ces deux sortes de créatures ont un caractère et des goûts bien différents. Cependant le bon Dieu les tire du même élément, pour montrer qu'étant souverain Maître, il peut tout ce qu'il veut.

La mer ne peut servir de demeure aux autres animaux.

Néanmoins les poissons y vivent très-commodément et en parfaite santé. Si

on les en retire, ils meurent presque
aussitôt.

Comment les poissons peuvent-ils
trouver de quoi vivre au fond de la mer
où il ne croît rien ?

Le bon Dieu a pourvu à leur subsi-
stance par un moyen qui semble fait exprès pour les détruire tous.

Il les a créés si voraces, qu'ils se mangent les uns les autres.

Dans cette guerre que les poissons se
font entre eux, les plus petits devraient
être anéantis par les plus grands.

Il n'en est pas ainsi, parce que le bon
Dieu a si prodigieusement multiplié les
petits poissons, qu'il en reste toujours un
nombre suffisant pour perpétuer leurs
races.

Puis les petits poissons sont plus
agiles à la course que les grands ; ils

peuvent échapper à leur poursuite.

Les poissons qui sont toujours dans l'eau et paraissent nus, devraient mourir de froid.

Les poissons ne sont point nus; au contraire, ils ont une robe faite exprès pour eux.

Elle consiste en un grand nombre d'écailles placées les unes sur les autres, comme les ardoises sur nos maisons. Cette couverture est enduite au dehors, d'une sorte de colle, et au dedans, d'une graisse huileuse qui entretient la chaleur et la vie dans le corps des poissons.

Les poissons qui sont si lourds, sont néanmoins fort agiles.

Ils fendent les flots avec rapidité, plongent, reparaissent et disparaissent de nouveau en traçant mille et mille circuits fort gracieux. Mais toutes leurs évolutions se font en silence, car ce peuple est muet.

La mer ainsi que ses nombreux habitants a été faite pour nous.

On dirait que les poissons ne l'ignorent pas, car il y a des temps où plusieurs espèces viennent en quantité sur nos côtes, se jeter, pour ainsi dire, jusque dans nos filets : les harengs et les sardines, par exemple.

Il en est d'autres, comme les aloses, qui remontent les rivières et viennent se mettre à la merci des pays éloignés de la mer.

Qui donc conduit ainsi ces nuées de poissons ? Sinon la divine Providence.

Les hommes dont le métier est de prendre le poisson, se nomment pêcheurs.

Pierrot était l'aîné des cinq enfants de Jacques le pêcheur.

Ce garçon de huit ans avait souvent prié son papa de l'emmener avec lui à la pêche.

Mais Jacques répondait toujours : Plus tard, mon fils, plus tard, tu es encore trop jeune.

— Est-ce donc si difficile de conduire une barque ? J'en ferais mon affaire à moi seul.

Et notre monsieur roulait une mauvaise pensée dans sa tête.

Quand papa sera parti, se disait-il, je détacherai la petite barque, et muni de mon filet, je m'en irai seul à la pêche.

Hô ! hô ! pour le coup, papa sera fier de moi !

Pierrot fut longtemps avant de pouvoir mettre son projet à exécution.

Mais un beau matin que Jacques était

sorti et la maman absente de la cabane, il saute dans la barque et glisse sur les flots.

Le ciel était pur, la mer calme ; tout allait bien.

Il se disposait à jeter le filet, lorsque survient un coup de vent qui lui enlève son chapeau.

Notre homme ainsi décoiffé, frissonne, lève les yeux et voit, à l'horizon, un petit nuage.

Papa m'a souvent parlé de la rapidité avec laquelle se forment les orages. Mon coup est encore manqué. Il vaut mieux regagner la rive.

Oui, mais il était trop tard.

Le vent siffle, le tonnerre gronde, la pluie tombe par torrent. Notre vaillant pêcheur perd ses rames et tombe évanoui au fond de sa nacelle.

Quand il revint à lui, il vit que sa

barque avait été poussée entre deux roches escarpées.

Il se jette à genoux et s'écrie : Mon Dieu ! vous me punissez de ma désobéissance, c'est juste. Mais puisque vous m'avez sauvé de la mort, veuillez me sauver encore !

Bonne sainte Vierge Marie ! ramenez-moi dans les bras de papa et maman à qui je cause bien du chagrin.

La prière de l'enfant était sincère, aussi ne fut-elle pas rejetée.

Il eut le courage de grimper le long de la roche, et après bien des efforts, il en atteignit le sommet.

Où suis-je ? se dit-il. Son cœur battait bien fort.

Sans savoir où il dirigeait ses pas, il se mit à marcher et aperçut enfin une maison.

Lè pauvre Pierrot entre, se jette aux pieds du chef de la famille et lui conte son aventure.

Mathurin, c'était le nom du bonhomme, voyant le repentir et la douleur du pauvre enfant, en eut pitié et dit à sa femme de bien le soigner.

Il était trop tard pour le reconduire, ce jour-là, chez ses parents.

Le lendemain matin, on alla à la recherche de la barque. Hélas! elle était brisée.

Alors Mathurin monta sur son vieux cheval, prit Pierrot derrière lui et le ramena à sa famille qui fut bien consolée.

Cette rude épreuve corrigea totalement notre ami Pierrot de ses prétentions.

Depuis ce jour, il fut toujours obéissant, et devint plus tard un habile pêcheur comme son père.

Quatorzième Lecture.

GRANDEUR MONSTRUEUSE DE QUELQUES POISSONS.

C'est dans la mer que se trouvent les plus grands animaux.

Celui dont la taille gigantesque nous étonne le plus, est la baleine.

La baleine atteint jusqu'à trente mètres de longueur. On assure même qu'autrefois, il y en avait de beaucoup plus grandes.

La grosseur de cet animal est proportionnée à sa longueur.

Sa tête seule est quelquefois longue de sept ou huit mètres. Sa queue, large de huit ou neuf, peut lancer en l'air un bateau chargé d'hommes.

Quand la baleine traverse l'Océan, elle

fend les flots avec vitesse et les fait bouillonner comme la tempête.

Un animal de si grande taille doit rechercher pour sa nourriture d'autres animaux de grosseur convenable ?

Il n'en est pas ainsi, la baleine ne mange que de très-petits poissons et autres petits animaux marins.

Elle en fait une grande dépense, sans doute. Cependant, la mer en contient toujours assez, parce que le bon Dieu, qui a créé les grands et les petits poissons, a tout proportionné pour la conservation de chacun.

La baleine n'a point de dents ; elle porte à leur place plusieurs centaines de longues lames appelées fanons.

Ces lames sont rangées de manière que, pour assouvir sa faim, la baleine n'a qu'à recevoir les milliers de petits animaux qui viennent se jeter avec l'eau dans sa large gueule.

Ensuite, elle rejette l'eau et avale sa proie.

Les baleines que nous employons à différents usages, sont les fanons de cet animal.

Quelque épouvantable que soit la baleine, les hommes savent s'en rendre maîtres. Voici comment :

Après avoir équipé un navire à cet effet, ils s'en vont à la pêche du monstrueux animal.

Quand ils l'aperçoivent, ils détachent en silence une chaloupe montée de six ou sept hommes.

Dès que la chaloupe est à portée de la baleine, un homme lui lance un harpon (énorme crochet de fer, attaché à une corde).

La baleine blessée descend si rapidement au fond de l'eau, qu'elle entraînerait la chaloupe, si les pêcheurs n'avaient soin d'allonger la corde et de bien diriger leur barque.

Bientôt le besoin de respirer ramène l'animal à la surface.

Les pêcheurs lui lancent un nouveau harpon.

Peu à peu les forces de la baleine s'épuisent, et les hardis pêcheurs l'attirent vers la chaloupe, où ils l'achèvent à coups de lance.

Ensuite ils l'attachent aux flancs du navire et se mettent en devoir de la dépecer.

La graisse qu'ils en retirent fournit jusqu'à cent vingt tonneaux d'huile.

Les habitants du nord emploient les os de la baleine à construire leurs barques.

7.

Le requin est un poisson moins gros que la baleine, mais bien autrement redoutable.

Sa voracité le rend l'effroi, non-seulement des autres poissons, mais même des navigateurs.

Ce monstre n'est jamais rassasié, il laisse une victime à moitié dévorée pour se précipiter sur une autre.

Malheur au naufragé qui se trouve sur son passage, car il n'échappera pas à la mort !

Cependant il y a des hommes assez hardis pour aller à la pêche du requin.

Cette pêche se fait avec un énorme hameçon.

Un hameçon est un instrument de fer recourbé terminé par deux pointes en sens contraire.

Pour prendre le requin, on lie l'hameçon à une grosse chaîne de fer, puis on y met de la chair ou du lard pour appât.

L'animal avale la proie et se trouve pris. Il bondit avec fureur, et au lieu de se dégager, il enfonce le fer davantage.

Sa rage redouble, ses forces s'épuisent, on le tire à fleur d'eau.

Les pêcheurs enlacent le monstre dans des cordes et parviennent à le transporter au rivage ou sur le navire ; là ils achèvent de le tuer.

Jusqu'à la fin cet animal est à redouter.

On raconte même qu'un capitaine de navire, ayant enfoncé son bras dans la gueule d'un requin mort, l'eut coupé par le poids de la mâchoire que son mouvement fit agiter.

Quinzième Lecture.

LES OISEAUX.

Comme nous l'avons vu, la même parole qui créa les poissons, créa aussi les oiseaux.

Jusque-là, les airs avaient été dépourvus d'habitants.

A la voix du Créateur, des milliers d'oiseaux de toute espèce sortent de la mer et s'élancent vers le ciel, pour aller chanter en tous temps et en tous lieux la sagesse et la bonté du souverain Maître.

Le bon Dieu fait bien tout ce qu'il fait.

Comme il destinait les oiseaux à voler dans l'air, il leur donna un corps très-léger, garni de plumes, et des ailes.

Leurs pieds sont faits de manière qu'ils s'attachent plus ou moins fortement, selon les mouvements qu'éprouve la branche qui leur sert d'appui.

De cette sorte, le vent qui devrait précipiter les oiseaux, les maintient, au contraire, sur la cime des arbres.

Aussi, quoique ballottés par la tempête, ces insouciants habitants de l'air dorment-ils profondément.

Celui qui a créé ces millions d'oiseaux, veille sur chacun d'eux avec autant de soin que sur le reste de l'univers.

De peur que la nourriture ne leur manque, il leur a mis sous le gosier une petite poche appelée jabot. C'est là que les oiseaux mettent leurs provisions de réserve.

Avec cette précaution, ils peuvent

faire de longs voyages sans souffrir de la faim.

Leur beau vêtement de plumes pourrait, en vieillissant, devenir moins chaud.

Chaque année, avant l'hiver, ils le quittent, et en reçoivent un neuf de la main de la Providence.

Jugez si nous devons craindre de manquer du nécessaire, quand nous voyons notre Père céleste pourvoir ainsi aux besoins des petits oiseaux.

Cependant, si les oiseaux restaient toujours oisifs sur les branches, ils mourraient de faim.

Leur vie doit se partager entre la musique et le travail. Ils le savent et n'en sont point fâchés.

Sans écouter la paresse, comme font quelques petites filles, ils se livrent au travail pour chercher les graines ou les petits animaux dont ils se nourrissent.

Le bon Dieu a doué les oiseaux d'un instinct qui ne les trompe jamais.

Non-seulement ils savent trouver leur nourriture, mais ils connaissent l'époque où ils doivent construire leurs nids.

Ils calculent, au plus juste, la forme et la grandeur qu'il convient de donner à la demeure de leur famille, et construisent cette petite maison avec un art admirable. Le plus habile ouvrier ne pourrait en faire autant.

Quand leurs petits sont nés, ils se donnent encore plus de soin.

Ils n'ont alors plus le temps de chanter.

Avant le jour, ils sont sur pieds pour

subvenir aux besoins de leurs enfants, et ne cessent de veiller sur eux que lorsqu'ils peuvent se suffire.

Enfin l'automne arrive. Alors les oiseaux se rassemblent en troupes, et font leurs apprêts de voyages, pour aller passer l'hiver dans des pays plus chauds.

Puis, lorsque le printemps est de retour, ils quittent ces contrées lointaines, et nous reviennent avec les beaux jours.

Puisque ces intéressantes créatures n'ont pas d'intelligence, il est clair que c'est la main de Dieu qui les dirige pour nous instruire et faire naître dans nos cœurs des sentiments de confiance et d'amour.

Rose était une petite fille si douce qu'elle s'attachait à tout le monde.

Les animaux eux-mêmes l'aimaient, parce qu'elle était bonne pour tous.

Un jour, Rose se promenant dans le jardin, vit sous un arbre un petit oiseau tombé de son nid.

Elle le recueillit aussitôt, car le pauvre petit ne savait pas encore faire usage de ses ailes.

L'enfant le couvrit de baisers et l'apporta à sa maman qui lui dit :

— Te voilà bien joyeuse, ma fille ; mais ce petit n'est pas heureux, lui, car il est privé des caresses de sa mère.

— Si on pouvait le renvoyer à ses parents, reprit Rose, devenue triste ?.... Mais il ne peut voler....

— Tiens, voilà une cage, chère fille ; mets-y ton petit protégé ; accroche-la à ta fenêtre, et tu verras.

Rose obéit.

Une heure après, elle vit le père et la mère voltiger autour de la cage, puis y rentrer et donner avec tendresse la becquée à leur enfant retrouvé.

Un matin, Rose alla à son ordinaire voir à la cage..... Elle était vide !

L'oiseau ayant pris de la force s'était envolé.

Rose pleura de douleur.

Mais quelles furent sa surprise et sa joie, lorsque le soir, elle vit son oiseau revenir à la cage !

Le lendemain matin, il chanta une chanson à sa protectrice, et partit ; puis il revint le soir, et ainsi de suite, car il se souvint toujours du bien qu'on lui avait fait.

Seizième Lecture.

OISEAUX APPRIVOISÉS.

Parmi les oiseaux, il en est qui ont reçu de la Providence l'ordre de rester auprès de nous, pour nous rendre plus de services.

Ces oiseaux qui peuplent nos basses-cours, ayant le vol plus lourd que les autres, se plaisent à marcher sur la terre. Tels sont, la poule, l'oie, le canard, etc.

La poule nous donne ses œufs et ses petits.

Rien de plus touchant que la sollici-tude de la poule pour sa tendre couvée.

Elle, naturellement si gourmande, ne prend presque plus de nourriture quand elle est mère, tant elle craint de manquer pour sa jeune famille.

Son inquiétude est continuelle. Voit-elle un de ses petits s'éloigner un peu, elle le rappelle.

S'il survient un danger, elle crie, et à l'instant tous ses enfants sont blottis sous ses ailes.

Lorsque c'est un oiseau de proie qui menace de fondre sur sa famille, elle pousse un cri particulier et aussitôt tous les poussins, éparpillés dans les sillons, deviennent invisibles, et restent cachés jusqu'à ce que leur mère les avertisse qu'il n'y a plus rien à craindre.

Quand il est nécessaire d'employer la force, elle ne balance pas. L'ennemi fût-il dix fois plus gros qu'elle, elle se précipite au péril de sa vie.

Vous savez s'il est prudent de toucher à un poulet sous l'œil de sa mère !

Une petite espiègle disait à une mère poule : Je te ferai bien enrager, va. Et en parlant ainsi, elle porte la main sur un poulet.

La mère en colère lui saute au visage, et lui tire un œil.

Voilà ce qu'on gagne à tourmenter inutilement les animaux.

Lorsque les poussins sont devenus grands, leur mère les quitte.

Nous pouvons alors les engraisser et les manger, si nous le voulons, tant il est vrai que cette tendre mère n'a élevé sa famille que pour nous.

L'oie prend aussi beaucoup de soin de sa couvée, surtout avant que ses petits soient éclos, car aussitôt que les oisons sont sortis de la coquille, ils peuvent se suffire.

Les oies aiment l'eau, et nagent avec facilité.

Elles se plaisent à aller en troupes; ce qui permet de les conduire aux champs pour chercher leur nourriture.

La chair de l'oie est excellente; sa graisse est une ressource dans les pays où le beurre manque.

C'est avec le duvet de l'oie que nous confectionnons nos lits.

Le canard est moins gros que l'oie; mais il vient plus vite et est très-facile à élever. Il suffit pour cela de lui offrir une pièce d'eau qu'il ne quitte presque pas.

La chair et la graisse de canard sont encore plus estimées que celles de l'oie.

La cane couve fort mal ses œufs, aussi les lui enlève-t-on souvent pour les confier à la poule.

Mais lorsque les petits sont éclos, ils donnent bien du tourment à la pauvre mère.

Elle qui les croit ses enfants, les élève comme tels.

Cependant malgré ses conseils et ses habitudes, s'il se rencontre une marre, toute la jeune famille s'y jette.

La mère est alors dans une inquiétude mortelle.

Elle voudrait courir après les petits imprudents ; mais elle ne le peut.

Elle s'agite, elle se tourmente. Mille fois, elle les rappelle. Vains efforts ! Les petits canards n'entendent pas. Ils ne reviennent à leur mère qu'après avoir pris leurs ébats.

Il y a d'autres oiseaux que l'homme apprivoise, pour son plaisir seulement.

Le paon, la tourterelle, le perroquet et bien d'autres.

Le paon est remarquable par son plumage. C'est le plus beau des oiseaux. Mais il chante fort mal et a de laids pieds.

Cet oiseau qui semble admirer sa parure, est l'image des orgueilleux. Eux aussi, se font gloire de leurs vêtements ou de leur figure. Ils croient qu'on y fait attention, tandis qu'on rit de leur sottise.

La tourterelle nous plaît par sa douceur. Ce charmant oiseau est l'emblême de l'innocence.

Tout le mérite du perroquet est dans son plumage, et la facilité avec laquelle il répète quelques mots.

Le perroquet parle sans comprendre, puisqu'il n'a pas d'intelligence. Aussi est-il bien mal de lui apprendre à dire de vilaines paroles.

L'autruche est un oiseau des pays chauds.

Cet oiseau, haut de deux mètres, n'est point conformé pour le vol; il a les ailes trop courtes; mais, en revanche, il est si agile à la course qu'il peut dépasser un cheval au galop.

Ses jambes sont grosses comme la cuisse d'un homme. Ses pieds ressemblent à ceux du chameau.

Les œufs de l'autruche pèsent quelquefois deux ou trois livres.

C'est de la queue de ce singulier oiseau que nous viennent ces plumes si recherchées dans nos pays pour la parure des dames.

Dix-septième Lecture.

LES ANIMAUX DOMESTIQUES.

Hier le bon Dieu commanda à la mer de produire les poissons et les oiseaux.

La mer lui obéit promptement.

Aujourd'hui, il va s'adresser à la terre qui sera aussi prompte à accomplir ses ordres.

Le sixième jour, il dit donc :

Que la terre produise des animaux vivants chacun selon son espèce : les animaux domestiques, les reptiles et les bêtes sauvages selon leurs différentes espèces ! Et cela se fit ainsi.

Les animaux de la terre se divisent en trois classes :

1° Les animaux domestiques.

2° Les reptiles et les insectes.

3° Les animaux sauvages.

Les animaux domestiques sont toutes les bêtes de service que Dieu a données à l'homme pour le soulager dans ses travaux, et lui fournir des vêtements et de la nourriture.

Parmi les animaux domestiques, le cheval tient le premier rang.

L'homme le dresse pour la voiture, le pas, le trot ou le galop.

A la guerre, le cheval est plein de courage, et se plaît au bruit des armes et de la musique.

Ce fier animal semble n'avoir plus de volonté, tant il fait bien celle de son maître.

Il connaît sa voix, est sensible à ses soins, et le sert de toutes ses forces.

Mais le cheval est cher et difficile à nourrir ; bien des gens ne peuvent se le procurer.

Le bon Dieu, qui est le père des

pauvres comme des riches, a créé un autre domestique moins beau que le cheval, mais qui peut rendre les mêmes services, c'est l'âne.

L'âne est le cheval du pauvre. Il est patient, tranquille, courageux au travail, et s'attache à son maître.

L'âne n'est point gourmand. Un peu d'herbe, quelques chardons suffisent pour le nourrir.

Il existe encore un autre animal qui participe du cheval et de l'âne, c'est le mulet.

Le mulet a le pas ferme et sûr. Il peut marcher sans danger aux bords des plus affreux précipices.

Mais à cette qualité, il joint deux grands défauts : l'orgueil et l'opiniâtreté.

Le bœuf est encore un animal domestique de grande valeur.

C'est lui qui laboure nos champs et traîne nos plus lourds fardeaux.

Cet animal robuste, armé de cornes menaçantes, se laisse conduire par un enfant.

Après avoir usé sa vie au service du laboureur, le bœuf est mis à l'engrais et vendu au boucher pour une forte somme.

La chair du bœuf est une de nos meilleures nourritures.

De quelle utilité n'est pas pour nous la vache?

Elle nous donne son lait, avec lequel on fait les mets délicieux que vous connaissez.

On en retire aussi le beurre et les fromages.

Mais pour élever et nourrir une vache, il faut avoir des ressources.

8.

Le bon Dieu le savait bien ; aussi a-t-il créé la chèvre, qui ne coûte presque pas d'entretien.

La chèvre est la vache du pauvre comme l'âne est son cheval.

Le lait de chèvre est nourrissant et fournit d'excellents fromages.

Le porc qui ne se plaît qu'à manger, et à se vautrer dans la boue, est néanmoins fort utile, surtout aux pauvres des campagnes qui peuvent, sans beaucoup de frais, l'élever, l'engraisser et le saler.

Un riche fermier avait deux enfants de six et huit ans, Alfred et Ursule.

Il leur dit un jour :

— Je suis content de vous, mes enfants : aussi veux-je vous récompenser.

Parmi les animaux de la ferme, chacun de vous peut choisir un petit de l'année. Cet animal lui appartiendra.

Alfred et Ursule sentirent, pour la première fois, la difficulté d'avoir des richesses. Ils étaient embarrassés sur le choix à faire.

Il y avait alors de jeunes veaux, des agneaux, de petits porcs, des poussins, etc.

Ils examinaient, mais leur raisonnement n'était pas le même.

Alfred envisageait la valeur, Ursule ne voyait que la gentillesse.

Un bœuf se vend cher, se disait le petit garçon, mais il faut attendre longtemps. Un porc a moins de valeur ; mais on le vend plus vite..... Il hésitait. Enfin, il se décida pour un porc, et le marqua à l'oreille.

— Que feras-tu de cette vilaine bête? lui dit Ursule.

— Chacun son goût, répondit Alfred.

— C'est vrai. Mais je voudrais, pour ton honneur, que le tien ne se portât pas sur un animal aussi dégoûtant. C'est une horreur !..

Le papa souriait.

— Allons, Ursule, as-tu fait ton choix ?

— Oui, papa. Je veux ce joli petit poulet blanc.

Elle lui passa un léger collier rose, et l'affaire fut faite.

Les deux animaux grandirent.

Ursule admirait son poulet et le caressait souvent. Alfred ne pouvait se procurer ce plaisir.

— Tant pis pour lui, disait Ursule. Pourquoi a-t-il eu une idée si singulière?

Vint le jour où l'on devait vendre les deux animaux.

Alfred et Ursule accompagnèrent leur papa au marché.

Le poulet fut vendu deux francs et le porc plus de quatre-vingts.

Ursule faisait la moue.

— De quoi te plains-tu ? lui demanda son père.

— Mon poulet ne m'a pas donné assez d'argent.

— C'est ce que vaut un poulet ! Tu étais libre de choisir un autre animal.

N'oublie jamais la leçon que je vais te donner, ma fille.

Pour faire un bon choix, il ne faut pas prendre ce qui paraît le plus agréable, mais le plus utile.

Dix-huitième Lecture.

LES ANIMAUX DOMESTIQUES.

(Suite)

Si on vous demandait, chers enfants, de quelle utilité est pour nous la brebis, vous répondriez tous :

Elle nous donne la laine.

Ce serait bien répondu, car la laine est pour nous une richesse.

Voyez. La plupart de nos vêtements sont de laine.

Si les draps, les mérinos, les couvertures d'hiver et cette foule d'autres étoffes de laine si chaudes venaient à nous manquer, nous courrions risque de geler quand l'hiver est rigoureux.

De plus, la chair de mouton est une

excellente nourriture. Celle de l'agneau est très-délicate.

Voici un autre animal qui nous rend aussi de grands services, mais d'un genre différent, le chien.

De tous les animaux, le chien est celui qui s'attache le plus à son maître.

Il ne l'abandonne jamais. Il le garde pendant la nuit, il le suit dans ses voyages, et s'il est attaqué, il le défend au péril de sa vie.

Il y a plusieurs espèces de chiens dont l'homme sait tirer parti. Les uns chassent, les autres défendent la maison, il en est qui gardent les troupeaux, d'autres ne sont que d'agrément.

Nina était pieuse comme un ange. Mais elle avait une santé si délicate que ses parents craignaient de la perdre.

En effet, chaque jour ses forces diminuaient.

Elle jouait pourtant encore quelquefois avec Follette, charmante petite chienne qu'elle avait élevée.

Pauvre petite Follette ! elle paraissait entrer dans les sentiments de sa jeune maîtresse !

La voyait-elle moins souffrante, elle sautait de joie, et faisait mille gestes gracieux et expressifs.

Au contraire, Nina retombait-elle dans sa langueur habituelle, Follette devenait triste, se couchait à ses pieds, léchait ses petites mains, et l'interrogeait du regard, comme pour savoir quelle service elle pourrait lui rendre.

Enfin Nina ne quitta plus son lit.

Follette resta dans la chambre de la jeune fille et ne joua plus.

Le jour vint où il fallut confier à la terre la dépouille mortelle de Nina.

Follette suivit le convoi.

La famille désolée quitta le cimetière.

Follette n'en fit pas autant ; elle se coucha sur la tombe de sa jeune maîtresse, où on la trouva morte huit jours après.

Le chat n'a aucune des qualités attachantes qu'on remarque dans le chien. C'est un animal d'un caractère faux.

S'il prend quelquefois une mine doucereuse, c'est pour mieux tromper. Aussi ne le gardons-nous dans nos maisons que pour nous débarrasser des souris.

Mais si on accoutumait le chat à une nourriture trop abondante, il abandonnerait volontiers la chasse aux souris pour vivre de ses rentes, couché mollement sur un lit ou sur un fauteuil.

Voici encore d'autres animaux domestiques que vous ne connaissez pas, parce qu'ils ne se trouvent pas dans nos pays : le chameau, l'éléphant et le renne.

L'aspect du chameau n'est nullement gracieux. Il a sur le dos deux bosses auxquelles on attache les charges qu'il doit porter.

Le chameau mange très-peu, boit rarement, mais beaucoup à la fois. Il remplit d'eau une poche placée sous son cou, d'où il fait remonter le liquide quand la soif le presse.

C'est ainsi que la divine Providence se montre partout, car le chameau est commun dans les pays brûlants où il ne pleut presque jamais, et où le cheval ne pourrait résister à la fatigue.

L'éléphant est un animal d'une taille énorme, il peut atteindre jusqu'à quatre mètres de haut.

Cet animal s'attache à son maître dont il comprend les signes, et auquel il rend autant de services que cinq ou six chevaux.

Le museau de l'éléphant, appelé trompe, est un long tuyau terminé par une sorte de doigt, dont il se sert pour ramasser à terre jusqu'aux plus petits objets.

L'ivoire, dont on fait de si précieux ouvrages, nous vient des dents de l'éléphant, appelées défenses.

Comme le chameau, l'éléphant appartient aux pays chauds.

Il n'en est pas de même du renne qui se trouve dans les pays du nord, c'est-à-dire, où il fait grand froid.

Cet animal est la plus précieuse ressource des habitants de ces contrées.

Il traîne leurs fardeaux, son lait et sa chair leur servent de nourriture ; et sa peau leur fournit une excellente fourrure pour les garantir du froid excessif dans ces pays.

Vous connaissez maintenant les principaux animaux domestiques? Aviez-vous jamais pensé aux services qu'ils nous rendent?...

Désormais, vous ne l'oublierez plus, et vous remercierez le bon Dieu de nous les avoir donnés.

Mais d'où vient que ces animaux recherchent la demeure de l'homme, aiment sa société, entendent sa voix et lui obéissent?

Sinon parce que le bon Dieu l'a voulu ainsi.

Si nous voulions apprivoiser un lion ou un tigre, nous n'en viendrions peut-être jamais à bout.

Pourquoi? Parce que le bon Dieu

n'a pas dit aux lions et aux tigres d'être nos serviteurs.

Usons des animaux avec reconnaissance; ne les maltraitons jamais inutilement, et soyons nous-mêmes toujours prêts à obéir à Dieu, notre souverain Maître.

Dix-neuvième Lecture.

LES INSECTES.

Si le bon Dieu est admirable dans les grands ouvrages de la nature, il ne l'est pas moins dans les plus petits.

Pour nous convaincre de cette vérité, voyons avec quel soin il pourvoit à la nourriture, au vêtement et à la conservation des insectes, que nous foulons aux pieds.

Ces millions de petits animaux,

souvent imperceptibles , ont néanmoins des veines, des muscles, une tête, un cœur , un estomac, en un mot tout ce qu'il faut pour constituer un être vivant.

Le Père de famille semble avoir pris un soin tout spécial de ces petits êtres.

Il les a vêtus avec complaisance, en prodiguant dans leurs robes , sur leurs ailes, et dans leurs ornements de tête l'azur, le vert, le rouge, l'or et l'argent.

Ces petits vermisseaux ne tirent point vanité de leur parure ; aussi les diamants, les franges, les aigrettes, les panaches ne leur sont pas refusés.

Si vous avez vu une mouche luisante, un papillon ou un de ces charmants insectes que vous appelez catelinettes, vous avez dû remarquer la richesse de sa toilette.

Le bon Dieu ne s'est pas contenté de vêtir magnifiquement les insectes , il leur a encore donné des armes pour attaquer et se défendre.

La plupart ont de fortes dents, ou une double scie, ou un aiguillon et deux dards, ou de vigoureuses pinces.

Presque tous échappent au péril par la fuite.

Les uns au moyen de leurs ailes, les autres en faisant des bonds énormes vu la petitesse de leur corps.

Quand la force leur manque , ils emploient la ruse.

Il y en a qui s'attachent au bout d'un fil qu'ils fabriquent eux-mêmes ; puis lorsque l'ennemi arrive, ils se jettent brusquement au bas des feuillages et échappent au danger.

N'allez pas croire que la paresse soit connue des insectes.

Chez eux, tout le monde travaille selon sa profession, car chacun a la sienne.

Les uns sont fileurs, et filent à merveille, ayant deux quenouilles et des doigts pour façonner leur fil.

Il en est qui sont tisserands, et font de la toile et des filets; pour cela, ils sont pourvus de pelotons et de navettes.

Les autres sont bûcherons, et ont reçu deux serpes pour faire leurs abattis et construire leurs demeures.

Il y a aussi des charpentiers et des menuisiers qui ont de même les outils nécessaires à leur métier. Ils portent à la tête une scie et des tenailles; de plus, ils ont à l'autre extrémité de leur corps une tarière qu'ils tournent et retournent à volonté. Au moyen de cet instrument ils creusent dans le cœur des fruits ou sous l'écorce des arbres des demeures commodes pour eux et leur famille.

Presque tous les insectes sont distillateurs, et ont reçu une trompe avec laquelle ils pompent le suc des fleurs.

Enfin, tous sans exception sont architectes et bâtissent des palais plus merveilleux que ceux des rois.

Vous ne croyiez pas, sans doute, que les insectes fussent de si habiles ouvriers. Quand vous voyiez ces milliers de petits animaux se donner tant de mouvement, vous étiez loin de penser qu'ils travaillaient pour accomplir leur tâche ; c'est pourtant la vérité.

Voici quelque chose de plus surprenant encore.

Jamais les insectes ne se trompent sur la qualité de la fleur ou de la plante qui doit les nourrir.

De même ils connaissent juste l'époque où ils doivent commencer leurs travaux, et les proportions qu'ils doivent leur donner.

Où tous ces savants ont-ils donc été à l'école ? Nulle part, sans doute.

Voilà bien de quoi nous porter à adorer et à aimer le bon Dieu créateur de tant de merveilles.

Cependant les hommes disent : A quoi bon ces nuées d'insectes ? Sinon à détruire nos récoltes.

Parler ainsi c'est tout simplement montrer son ignorance et son orgueil.

Quand on ne sait pas à quoi une chose est bonne, il faut chercher à s'instruire, et non pas dire qu'elle est mauvaise.

Puis, qu'est-ce que l'homme pour oser dire au Créateur qu'il s'est trompé ?

Le bon Dieu n'a rien fait d'inutile. S'il

multiplie quelquefois les insectes au point de nous causer du dommage, c'est pour nous punir de nos péchés et nous maintenir dans l'humilité.

Quand ils ne serviraient qu'à cela, ils ne seraient pas inutiles. Mais ils servent encore à nourrir les oiseaux.

Ne nous lassons donc jamais d'admirer la sagesse de Celui qui a tout arrangé pour notre bien.

Vingtième Lecture.

LES ABEILLES.

S'il se trouve encore quelque petite fille qu'on soit obligé de punir pour lui faire accomplir sa tâche, il faut la con_ duire à l'école chez les abeilles.

Ces diligents insectes lui feront eux-mêmes la leçon. Si elle ne sait pas obéir, ils le lui apprendront.

Dans toute société bien ordonnée, il faut un chef qui dirige.

Les abeilles le savent bien; aussi obéissent-elles toutes ponctuellement à leur reine ou mère.

Cette reine abeille qui gouverne toute la nation, mérite des égards.

Pas une abeille ne l'oublie.

Toutes s'empressent d'offrir à leur reine un appartement conforme à sa dignité.

Plusieurs ne sont occupées qu'à la servir.

Les unes lui présentent le miel, les autres veillent à sa toilette : passent et repassent légèrement leurs trompes sur son corps, afin d'en détacher tout ce qui pourrait le salir.

Lorsqu'elle marche, toutes celles qui sont sur son passage se rangent pour lui faire place.

C'est ainsi qu'on est soumis et respectueux chez ce petit peuple si intéressant.

D'ailleurs, chaque abeille a son emploi et s'empresse de le remplir.

Si par hasard, il se trouvait une entêtée, la reine n'aurait qu'un signe à faire, et toutes les autres s'empresseraient de la mettre à mort ou tout au moins à la porte.

Mais la reine n'est jamais obligée de punir, car toutes les abeilles sont obéissantes et laborieuses.

Les unes sont chargées d'aller recueillir le miel sur les fleurs, et longtemps avant le jour, elles sont rendues à la campagne.

Ces diligentes ouvrières ne reviennent jamais à la ruche sans rapporter un riche butin.

Les autres restent au logis et s'occupent à construire des cellules, ou à mettre en réserve le miel que l'on conserve pour l'hiver.

Il y en a qui donnent à manger aux petits, et le font avec un soin admirable.

Celles qui travaillent à la construction des cellules, se fatiguent beaucoup, et ne quittent pas leur ouvrage.

Aussi plusieurs de leurs compagnes se tiennent auprès d'elles pour leur offrir à manger.

Afin de ne pas perdre le temps en des paroles inutiles (car où l'on babille beaucoup, on travaille peu), les abeilles se parlent par signes.

Celle qui a faim baisse sa trompe.

Aussitôt la dépensière débouche sa bouteille de miel, et en verse quelques gouttes sur la trompe de sa sœur.

Le petit repas fini, on se remet au travail, on remue les pattes et tout le corps comme auparavant.

Ces petits insectes nous fournissent la cire et le miel.

C'est donc pour nous que le bon Dieu a fait les abeilles si industrieuses?

Oui, c'est pour nous qu'elles font ce miel si délicieux à notre bouche. Cette bouche que nous employons souvent à dire des paroles de médisance et de péché. Quelle ingratitude!

Une petite fille, nommée Agnès, se promenait avec sa maman au fond d'un jardin.

Tout-à-coup, elle aperçut une ruche.

—Qu'est-ce que cela, demanda-t-elle?

— C'est la demeure des abeilles, répondit sa mère. Regarde ; en voilà qui entrent, d'autres qui sortent.

— Pourquoi se donnent-elles tant de mouvement ? reprit Agnès.

— Pour faire le miel, dit la maman.

— Le miel ! s'écria Agnès. Est-ce que ce sont ces petites bêtes qui font le miel ?

— Oui , mon enfant.

— C'est curieux. Je voudrais bien voir comment elles s'y prennent.

— Tu le peux, ma fille, approchons-nous.

Agnès marchait devant.

Les abeilles qui la prirent pour une ennemie, voulurent la piquer.

Effrayée, la petite fille se réfugia dans les bras de sa mère.

— N'aie pas peur, ma fille. Il suffit

de ne pas effaroucher ces insectes pour les rendre inoffensifs. Ainsi, reste calme et ne fais aucun effort pour les chasser ; c'est le moyen de n'en être pas blessée.

Agnès se rassura, et put considérer de près les abeilles, car plusieurs vinrent se poser sur ses habits, et jusque sur ses mains sans lui faire de mal.

— Tu vois, mon Agnès, dit la maman, comment tout ce petit peuple travaille.

Ce sont les abeilles qui ont construit ces cellules. Maintenant elles les remplissent de miel.

En voici d'autres qui arrivent de la campagne, chargées de tout ce qu'il y a de plus exquis dans les fleurs. Ces fidèles ouvrières vont déposer leur charge qui va être travaillée et changée en miel.

— Je voudrais bien, moi aussi, apprendre à faire le miel.

— Tu n'y réussirais pas, ma fille. Apprends plutôt de ces insectes l'ordre, le soin, l'activité et la constance avec lesquels il faut travailler pour parvenir à se rendre utile.

Vingt-unième Lecture.

LES FOURMIS ET LES VERS-A-SOIE.

Comme les abeilles, les fourmis sont chargées de nous instruire par leur obéissance, leur activité au travail, l'ordre qu'elles établissent dans leur société, et la bonne union avec laquelle elles vivent entre elles.

Mais le bon Dieu ne leur a pas dit de nous offrir le produit de leur industrie.

Nous devons plutôt nous tenir en garde contre leurs rapines.

Quelques-unes s'en vont à la découverte de nos pains de sucre ou de nos pots de confitures, et en mangent, cela va sans se dire.

Mais elles ne se contentent pas de prendre elles-mêmes.

Elles retournent porter la bonne nouvelle à la fourmilière.

Aussitôt, toutes se mettent en marche les unes à la suite des autres, et ne s'arrêtent pas que le dégât ne soit complet.

Les petites gourmandes ! elles méritent bien qu'on leur fasse la guerre.

Mais il est bien difficile de les chasser.

En frottant la route qu'elles suivent, on pourrait peut-être parvenir à les dérouter, et à les obliger de chercher fortune ailleurs. Car ces insectes sont guidés dans leur marche par une certaine odeur qu'ils laissent après eux.

Voici une autre espèce d'insectes dont le travail est une source de richesses pour nous : les vers-à-soie.

La soie, cette étoffe si précieuse, qui se vend au poids de l'or, nous est fournie par une chenille si laide, si difforme que nous ne daignerions pas même la regarder si nous ne connaissions sa valeur.

Savent-elles d'où vient la soie ces personnes qui en tirent vanité? Je ne le pense pas.

Vous autres qui le savez, chers enfants, gardez-vous de tomber dans ce défaut.

Adèle aurait été une bonne fille, si sa mère ne l'avait pas gâtée.

Cette mère imprudente ne rêvait que toilette et bijoux pour sa fille.

La petite Adèle, parée comme un paon et s'entendant toujours louer, devint bientôt insupportable.

Elle regardait ses compagnes d'un air dédaigneux, et ne parlait pas à celles qui étaient moins bien vêtues qu'elle.

Un jour, que sa mère lui avait donné une robe de soie pour ses étrennes, elle ne manqua pas de sortir dans la rue marchant avec prétention, relevant la la tête et faisant des gestes ridicules.

Une de ses compagnes de classe, l'ayant rencontrée, la salua.

Adèle lui répondit à peine.

Peste! la belle demoiselle, dit la petite fille choquée! C'est sans doute, parce que je n'ai pas une robe de soie qu'elle ne daigne pas me parler.

Puis s'adressant à Adèle :

— Savez-vous, Mademoiselle, d'où

vient cette robe qui vous rend si fière?...
C'est l'ouvrage d'une chenille.

C'était la vérité. Mais Adèle, qui était une sotte, se crut insultée. Entrant en colère, elle donna un soufflet à sa compagne et la poussa rudement.

La jeune fille tomba sur une pierre et se blessa à la tête.

Le sang coulait, l'enfant jetait de grands cris.

Malheureusement pour notre orgueilleuse, les gendarmes se trouvaient à passer là.

Ils avaient vu porter le coup.

Immédiatement, ils se saisissent d'Adèle.

On porta cette nouvelle à sa mère qui ne voulait pas le croire.

Quoi ! sa fille qu'elle croyait plus parfaite que tout le monde, avait été prise par les gendarmes !

Quelle honte !

La maman d'Irma, c'était le nom de la petite fille blessée, ayant entendu crier, était accourue.

Elle banda la plaie de sa fille et la consola.

— Maintenant, il faut songer à retirer la pauvre Adèle des mains des gendarmes, dit-elle.

— Viens avec moi, ma fille, et elles prirent le chemin de la gendarmerie.

— Grâce pour Adèle ! s'écria la petite Irma en entrant ! Je lui pardonne ; il faut lui pardonner aussi. Et l'enfant ne donna pas de patience que sa compagne ne lui fût rendue. En la voyant, elle courut l'embrasser.

Adèle, dont le fond n'était pas méchant, sentait ses torts et pleurait de repentir.

L'affaire se termina là. Cette leçon

fut salutaire à la mère et à la fille.

Revenons au ver-à-soie.

Pour exécuter son travail, cet insecte a dans l'intérieur de son corps un petit sac qu'il remplit d'une liqueur gluante. Il porte aussi sous la bouche une espèce de filière ou peau percée de plusieurs trous.

Par deux de ces ouvertures, il fait sortir deux gouttes de liqueur. Ce sont là les quenouilles dont il tire son fil.

Un seul ver peut fournir jusqu'à deux mille pieds de soie.

Quand le ver-à-soie a rempli sa tâche, c'est-à-dire quand il a filé, il se fait de son fil une sorte de linceul dont il s'enveloppe, et reste ainsi dans un état de mort.

Mais il ne meurt pas, au contraire, il prend une nouvelle vie.

Lorsqu'il sort de son cocon, la petite maison de soie qu'il s'est faite, il est devenu papillon.

Tous les papillons ont d'ailleurs la même origine.

Tous ont été chenilles au commencement de leur existence.

A une certaine époque de leur vie, les chenilles cessent de manger; puis elles s'enferment dans une espèce de coque qui leur sert de tombeau.

Là, sous cet appareil de mort, elles se transforment en papillons.

Quelle merveille! Auriez-vous jamais pu croire que d'une vile chenille il fût sorti un beau papillon!

Ces deux êtres ne se ressemblent en rien.

Le premier n'inspire que le dégoût. Il

se traîne péniblement et se repaît d'une nourriture grossière.

Le second, léger et brillant, dédaigne la terre et prend son vol vers le ciel. Il passe sa vie sur les fleurs et vit de miel et de rosée.

Voilà une image frappante de notre propre résurrection.

Remercions le bon Dieu, qui nous remet sans cesse sous les yeux le symbole de notre immortelle destinée.

Vingt-deuxième Lecture.

LES REPTILES ET LES ANIMAUX SAUVAGES.

On appelle reptiles des animaux qui n'ont point de pattes, ou qui les ont si courtes qu'ils sont obligés de traîner leurs corps à terre.

Il s'en faut de beaucoup que tous les reptiles soient dangereux ; cependant ils nous inspirent tous au moins de la répugnance, sans doute parce qu'ils ont quelque ressemblance avec les serpents.

Les serpents, voilà des reptiles dont le nom seul nous effraie. Ce n'est pas sans raison, car leur morsure donne la mort, à moins que la personne mordue ne reçoive promptement les secours nécessaires.

Le meilleur remède à employer dans ce cas, c'est de sucer la plaie ; ce que l'on peut faire sans crainte, car le venin avalé alors ne peut faire de mal.

Il existe en Amérique une espèce de serpent appelé serpent à sonnettes.

Ce nom lui vient de ce que les écailles dont son corps est recouvert en frappant les unes sur les autres imitent le bruit d'un grelot.

La morsure de ce serpent cause infailliblement la mort au bout de quelques minutes. Mais comme il ne peut se remuer sans faire du bruit, les autres animaux ou les hommes, avertis de son approche, peuvent facilement se garantir du danger.

Là, comme ailleurs, la Providence est admirable. Jamais elle ne manque de placer le remède à côté du mal.

La couleuvre est une espèce de serpent, mais elle n'est pas dangereuse.

Les lézards ne sont point à redouter non plus; ce sont de petits animaux tout-à-fait inoffensifs.

Le crocodile est un énorme reptile qui rappelle le lézard par sa forme ; mais qui est fort redoutable.

Cette bête hideuse a quelquefois plus de huit mètres de longueur.

Les dents du crocodile ne sont point recouvertes par des lèvres ; ce qui ne contribue pas peu à lui donner une physionomie effrayante.

Cet animal féroce ne se trouve pas dans nos climats.

Il se tient ordinairement aux bords des fleuves d'Asie, d'Afrique et d'Amérique.

Là, couché parmi les roseaux, la gueule entr'ouverte, il attend sa victime.

Il ne fuit pas à l'aspect de l'homme, sans doute, parce qu'il a conscience de sa force.

Maintenant que vous connaissez un peu les principaux reptiles, disons un mot des animaux sauvages.

10.

Le lion, le tigre, l'ours, le loup, appartiennent à cette dernière classe.

Le lion est le plus fort des animaux.

Il a la tête grosse, les yeux pleins de feu et le cou orné d'une longue crinière.

Sa démarche est fière, et ses mouvements si brusques qu'il dépasse presque toujours le but qu'il veut atteindre.

Cet animal terrible, dont le rugissement résonne comme le tonnerre, n'est cruel que lorsqu'il a faim.

Le lion a beaucoup de mémoire, et n'oublie pas plus les bienfaits que les mauvais traitements.

Le tigre ressemble au chat par sa forme ; c'est le plus féroce des animaux. Qu'il ait faim ou qu'il soit rassasié, il déchire les êtres vivants qu'il rencontre.

La peau du tigre est une fourrure très-estimée.

L'ours est recouvert de longs poils, ce qui lui donne un extérieur fort disgracieux.

On distingue l'ours brun, terrible, féroce et carnassier ; l'ours noir qui n'est à craindre que lorsqu'il est attaqué, et l'ours blanc qu'on trouve sur les rivages de la mer glaciale et qui n'est féroce que par nécessité.

Le loup, qui se rapproche du chien par son extérieur, en diffère essentiellement par le caractère ; il est lâche et poltron. Mais quand il a faim, il devient hardi et tue les animaux qu'il rencontre. Il ose même attaquer les enfants et les femmes et quelquefois l'homme.

Comme tout ce qui existe, les bêtes féroces ont leur utilité.

Entre autres services qu'elles nous rendent, en voici deux :

1° Elles nous montrent l'étendue de la Providence, c'est-à-dire, du soin que Dieu prend de toutes les créatures.

2° Ces terribles animaux que l'homme ne peut dompter, lui rappellent qu'en désobéissant à son Créateur, il a mérité que tout ce qui lui avait été soumis refusât de lui obéir.

Néanmoins le bon Dieu a bien voulu laisser à l'homme pécheur une partie de l'autorité qu'il lui avait donnée sur les animaux, même les plus féroces. Le trait suivant le prouve.

Il y a quelques années, une pauvre femme allait dans une forêt pour ramasser du bois.

Elle portait dans ses bras un petit enfant de six mois, qu'elle déposa sur des feuilles sèches au pied d'un arbre.

La pauvre mère ne ramassait pas deux

brins de bois sans jeter un regard vers son enfant.

Le voyant endormi, elle s'éloigne un peu. Puis revenant aussitôt sur ses pas, que voit-elle?

Un loup qui vient droit à lui.

Elle pousse un cri et se précipite entre l'animal et son fils.

Le loup étonné recule. Mais bientôt il revient vers sa victime.

Alors la courageuse mère se redresse devant l'animal en le sommant d'arrêter.

— Tu me mettras en pièces avant de toucher à mon fils, dit-elle avec résolution.

Le loup stupéfait hésite encore.

Des bûcherons, ayant entendu du bruit, accourent et mettent fin à cette lutte, que la pauvre mère n'aurait pu soutenir une minute de plus.

Vingt-troisième Lecture.

L'HOMME.

Vous avez pour ainsi dire, chers enfants, assisté à la formation de l'univers.

N'avez-vous pas entendu le bon Dieu appeler successivement les différentes sortes de créatures?

D'abord la lumière, puis le firmament, puis la mer.

Ensuite la terre s'est montrée, et s'est parée de fleurs et enrichie de fruits.

Le soleil, la lune et les étoiles ont pris place dans le firmament.

Les jours, les nuits, les semaines, les mois, les années et les saisons ont été réglés.

A la voix du Créateur vous avez vu les

oiseaux et les poissons sortir de la mer ;
les uns pour y faire leur demeure, et les
autres pour prendre leur vol dans les
airs.

Tous les animaux de la terre ont paru
à leur tour.

Le monde est donc achevé ? Oui, ce
beau palais, cette magnifique maison que
le bon Dieu a faite en six jours, est ter-
minée.

Mais quand un roi bâtit une demeure,
il a une intention. C'est pour s'y loger
lui-même, ou pour la donner à son fils.

Le bon Dieu, qui est infiniment sage,
n'a pu créer un aussi beau palais que
l'univers, sans avoir, lui aussi, une intention, un but.

Ce but, quel était-il ? Était-ce pour s'y
loger lui-même ? Non, puisque Dieu est
un esprit, qui ne peut être contenu dans

aucun lieu, car un esprit n'occupe point de place.

C'était donc pour le donner. A qui? A son fils. Quel fils? Vous l'avez deviné, l'Homme.

Ainsi, si l'homme n'existait pas, le monde serait inutile, puisque cette belle maison si bien ornée n'aurait point de maître.

C'est donc pour l'homme que l'univers a été fait.

Voilà pourquoi le bon Dieu créa l'homme le dernier.

Il convenait en effet que la demeure du maître fût prête quand celui-ci paraîtrait.

Lors donc que tout fut préparé, le bon Dieu sembla se recueillir en lui-même et dit :

Faisons l'homme à notre image et à notre ressemblance.

Il est clair que l'homme n'est pas une créature comme les autres, puisque le Créateur ne le traite pas de la même manière.

Tandis que d'une seule parole, il fait produire à la terre des animaux de toute espèce, il s'arrête, pour ainsi dire, au moment de former l'homme, et se recueillant en lui-même, il dit : Faisons l'homme à notre image et à notre ressemblance.

Puis il prit du limon de la terre, et en forma son corps.

Il joignit à ce corps une âme capable de connaître et d'aimer son Créateur.

Le premier homme s'appela Adam.

Adam s'étant endormi, Dieu lui enleva doucement une de ses côtes et en forma la première femme.

Dieu donna à cette femme une âme faite à son image, comme celle d'Adam.

11

La première femme se nomma Ève.

L'homme est donc formé de deux êtres distincts : l'âme et le corps.

L'âme spirituelle et raisonnable, le corps matériel et animal.

Cette âme spirituelle, qui ne doit jamais mourir, a une bien plus grande valeur, que le corps ; aussi l'homme doit-il l'estimer davantage.

Il doit bien prendre garde de ne rien faire qui puisse la défigurer.

C'est le péché qui défigure l'âme.

Comme le corps, l'âme a besoin de nourriture pour vivre.

La parole de Dieu et la sainte Communion sont la nourriture de l'âme.

Il faut donc vous hâter d'apprendre votre catéchisme et vous rendre attentives aux explications qui vous en seront données.

Armande était une petite étourdie qui allait cependant au catéchisme pour se disposer à sa première Communion.

Mais elle se préparait bien mal à cette grande action.

On était souvent obligé de la punir pour lui faire apprendre sa leçon.

Quand elle était rendue à l'église, elle tournait la tête à droite, à gauche au lieu d'écouter.

Un jour le vénérable Pasteur lui adressa cette question, à laquelle tout enfant de cinq ans qui va à l'école, sait répondre.

— Avez-vous une âme ?

Armande n'avait même pas entendu. Elle regardait ses voisines comme pour les interroger.

Une lui souffla :

— Oui.

Armande répéta :

— Oui.

— L'avez-vous vue, lui demanda-t-on.

La pauvre fille crut qu'il fallait encore dire oui.

A cette réponse absurde, tous les enfants du catéchisme partent d'un éclat de rire.

Jugez quelle fut la honte d'Armande !

Il est à croire qu'elle devint plus sage dans la suite.

Mais sans chercher à le savoir, profitez de son exemple pour ne pas rester ignorantes.

Sachez que notre âme étant un esprit, on ne peut ni la voir ni la toucher.

N'oubliez jamais surtout que notre âme étant la plus noble partie de nous-mêmes, c'est elle qui doit commander, et notre corps, obéir.

Oui, mes enfants, donnez toujours la préférence à votre âme.

Les hommes qui négligent leur âme pour ne penser qu'à leur corps, se conduisent comme des animaux.

Quelle honte pour un être raisonnable, de vivre comme une bête !

Ne tombez jamais dans une telle dégradation, chers enfants.

Conservez avec grand soin la pureté de votre âme, en vous éloignant de tout péché.

Vingt-quatrième Lecture.

L'HOMME.
(Suite.)

Le corps de l'homme sert de logement à son âme.

Il s'entend avec elle pour faire soit

le bien, soit le mal. Il devra donc ressusciter pour être avec elle récompensé ou puni.

Quoi ! ce peu de boue qui compose notre corps ne restera pas toujours dans le tombeau ! Il ressuscitera. Quelle consolante vérité !

Si les hommes y pensaient, ils traiteraient leur corps avec plus de respect qu'ils ne le font bien souvent.

Tout dans ce corps révèle sa dignité et la sagesse de celui qui l'a fait.

Voyez, tandis que les animaux sont courbés vers la terre, l'homme se tient debout, la face tournée vers le ciel pour annoncer qu'il a le droit d'y prétendre.

Sa tête est ornée d'une belle chevelure; son noble visage exprime sa dignité ; ses yeux surtout rendent avec vérité tous les sentiments de son âme; son oreille délicate saisit jusqu'au moindre bruit ; sa bouche est le siége de l'aimable sourire et l'organe de la parole ; ses mains sont de précieux instruments dont il se sert pour confectionner toutes sortes de travaux ; sa poitrine est large et re- levée avec grâce ; sa taille est riche et dé- gagée ; ses jambes comme deux élégantes colonnes soutiennent l'édifice ; son pied, cette base étroite, a néanmoins toute la solidité nécessaire pour porter le poids de son corps.

L'homme a reçu du Créateur cinq sens, c'est-à-dire, cinq moyens par les- quels son âme communique avec les objets extérieurs.

Ces sens sont la vue, l'ouïe, l'odorat, le goût et le toucher.

Plusieurs des animaux ont le même avantage. Il en est même chez qui quelques-uns de ces organes sont plus parfaits que chez l'homme.

Cependant les animaux quels qu'ils soient, sont loin d'égaler l'homme en perfection.

Pourquoi? C'est que l'animal n'agit que par instinct, tandis que l'homme agit par raison.

Quand vous avez fait une bonne action, chers enfants, la joie que vous en éprouvez se lit sur votre front et dans vos yeux.

Au contraire, avez-vous eu le malheur de commettre une faute, vous rougissez. C'est votre âme qui se reflète ainsi sur votre visage.

Rien de semblable ne se montre dans l'animal.

Si Médor, le chien d'Eugénie, dérobait une côtelette, cette mauvaise action ne lui causerait aucune confusion.

Mais si sa petite maîtresse en faisait autant, elle aurait honte.

D'où vient donc que Médor et Eugénie n'éprouvent pas le même sentiment?

C'est que Médor est un chien, et Eugénie, une petite fille. L'un ne sait ce qu'il fait, tandis que l'autre est douée de raison pour discerner le bien d'avec le mal.

Vous le voyez, mes enfants, l'homme est une créature à part.

Un être à qui Dieu a donné une âme capable de le connaître et de l'aimer.

Il l'a placé dans le monde pour en être le roi.

Toutes les créatures sont à sa disposition.

Mais il ne doit pas oublier que toutes ces créatures, étant les ouvrages de

Dieu, doivent le louer à leur manière, et comme elles n'ont point de raison, c'est lui, c'est l'homme qui est chargé de louer et bénir le souverain Maître au nom de toute la création.

Cependant, il y a bien des hommes qui oublient leur mission et leur devoir.

Ils usent des créatures comme s'ils en étaient les maîtres absolus, c'est-à-dire, comme s'ils ne devaient pas rendre compte à Dieu de l'usage qu'ils en auront fait.

Soyez plus sages, vous, mes enfants, rappelez-vous que l'homme, ayant été placé dans l'univers au-dessus des autres créatures, doit toujours être prêt à paraître devant son Maître pour lui rendre compte de son administration.

Ernest et Firmin étaient deux garçons de quatorze ans qui travaillaient dans le même atelier.

Malheureusement, le premier avait déjà oublié le beau jour de sa première Communion. Il avait fréquenté de mauvaises compagnies, et était devenu vicieux.

Firmin, au contraire, resté fidèle à la voix de son Pasteur, faisait tous les jours ses prières du matin et du soir, et assistait exactement à la messe et aux offices les dimanches.

Un jour, Ernest essaya de l'entraîner à une partie de plaisir où son innocence aurait pu être en danger.

— Tu n'as donc pas entendu monsieur le Curé prêcher dimanche? lui dit Firmin.

— Non, répondit Ernest.

— En ce cas, tu n'étais pas à la messe?

— Non.

— Où étais-tu donc?

— Tiens ! J'étais à me divertir ! Est-ce

que tu me crois assez bête pour m'astreindre à assister à la messe tous les dimanches ?

— Tu n'es pas assez bête pour aller à la messe, dis-tu !

— Mais ne sont-ce pas les brutes et ceux qui leur ressemblent qu'on ne voit jamais à l'église ?

Ernest, choqué, fit une pirouette, et voulut s'éloigner. Mais Firmin le retint en lui disant :

— Si tu ne viens pas avec moi au sermon, nous serons brouillés pour toujours.

Ernest qui tenait à l'amitié de Firmin, se laissa vaincre. Ils se rendirent à l'église.

Le prédicateur monta en chaire, et prêcha sur le jugement. Il parla fortement du compte que tout homme devra rendre à Dieu, à l'heure de la mort.

Ernest, dont le cœur n'était pas encore endurci, fit un salutaire retour sur lui-même. Il vit qu'il était sur le chemin qui mène à la perdition, et prit la résolution de rentrer dans la bonne voie.

Aidé de l'exemple et des conseils de son ami, il exécuta son projet et fut depuis un bon chrétien.

TABLE DES MATIÈRES.

www.ingramcontent.com/pod-product-compliance
Lightning Source LLC
LaVergne TN
LVHW021443170726
843501LV00005B/1470